Oliver Niggemann · Miriam Elmers

Künstliche Intelligenz in Produktion und Maschinenbau

Oliver Niggemann · Miriam Elmers

Künstliche Intelligenz in Produktion und Maschinenbau

Hintergründe, Anwendungsszenarien, Expertentipps

VDE VERLAG GMBH

ICS 03.100; 35.020

Bibliografische Information der Deutschen Nationalbibliothek
Die Deutsche Nationalbibliothek verzeichnet diese Publikation in der Deutschen Nationalbibliografie; detaillierte bibliografische Daten sind im Internet über *http://dnb.dnb.de* abrufbar.

ISBN 978-3-8007-5495-3 (Print)
ISBN 978-3-8007-5497-7 (E-Book)

Titelbild: www.siemens.com/presse

Druck: Druckerei Hachenburg · PMS GmbH, Hachenburg
Printed in Germany 2021-10

... irgendwas mit Künstlicher Intelligenz

Künstliche Intelligenz: Der Begriff ist allgegenwärtig. Vielen Unternehmen ist generell klar, dass sie in diesem Bereich aktiv werden sollten – manche bekommen Druck von Auftraggebern, manche sehen den Fortschritt der Konkurrenz, anderen geht es um die Erschließung neuer Geschäftsbereiche. Und viele haben einfach das Gefühl, „irgendetwas mit Künstlicher Intelligenz" tun zu müssen, weil sie das immer und überall hören.

Wie auch immer: In der Regel mangelt es nicht an gutem Willen, im eigenen Betrieb mit der Zeit zu gehen. Doch vor allem, wenn ein Unternehmen im KI-Bereich noch ganz am Anfang steht, geht es zunächst um grundsätzliche Fragen:

- Was bedeutet Künstliche Intelligenz eigentlich konkret?
- Wo kann sie im eigenen Unternehmen sinnvoll sein?
- Wo und wie soll man anfangen?
- Welche Werkzeuge können eingesetzt, welche Partner ins Boot geholt werden?
- Wie bekommt man die richtigen Mitarbeiter, wie überzeugt man das Team?

Tatsächlich ist in diesem Bereich noch viel Luft: Laut einer Studie des Bundeswirtschaftsministeriums nutzen gerade einmal sechs Prozent der Unternehmen im produzierenden Gewerbe in Deutschland KI-Anwendungen, nicht einmal ein Prozent der Mitarbeitenden hat mit KI zusammenhängende Aufgaben.

Die Idee

Fragen wie diese hört Prof. Dr. Oliver Niggemann häufig: Als Forscher arbeitet er mit mittelständischen Unternehmen bei der Einführung von Künstlicher Intelligenz zusammen. Aus seiner Erfahrung ist die Idee zu diesem Ratgeber entstanden: Anhand von Szenarien aus der Praxis wird konkret gezeigt, wie kleine und mittlere Industriebetriebe in Deutschland schon heute Künstliche Intelligenz einsetzen – etwa zur frühzeitigen Erkennung von Anomalien, zur Einsparung von Ressourcen, zur Optimierung der Produktqualität und Individualisierung von Produkten. Zu jedem Beispiel werden die angewendeten Methoden erläutert, zunächst in Kurzform für einen schnellen Überblick, dann ausführlicher für Fortgeschrittene, um tiefergehende Fragen zu beantworten.

Als Basis erläutert der Ratgeber zudem grundlegend, was Schlagworte wie Künstliche Intelligenz, Maschinelles Lernen und Digitale Zwillinge bedeuten. In Texten und Interviews ordnen die Autoren die Bedeutung der Künstlichen Intelligenz für unsere Gesellschaft, für die Zukunft der Arbeitswelt und konkret in Unternehmen ein. Zudem werden Einsatzmöglichkeiten von Werkzeugen und Kooperationen thematisiert, und es wird praxisnah erläutert, welche Voraussetzungen in Unternehmen geschaffen werden müssen, wie Widerstände überwunden und die Beschäftigten einbezogen werden können – denn die Einführung von

Künstlicher Intelligenz ist weit mehr als eine technische Frage. Außerdem ist den Autoren wichtig, Praktiker zu Wort kommen zu lassen – denn sie sind es, die den Lesern von ihrer Erfahrung im KI-Alltag berichten können.

Der Ratgeber ist bewusst so angelegt, dass er auch für KI-Anfänger verständlich ist. Er kann chronologisch gelesen werden, es ist aber auch möglich, einzelne Kapitel, die Szenarien oder Interviews zu überspringen: Jeder Text und jedes Szenario (mit Ausnahme der Texte „Für Fortgeschrittene") kann auch für sich allein stehen.

Texte, die mehr in die Tiefe gehen und Detailinteresse voraussetzen, sind mit einem Rahmen gekennzeichnet.

Das Ziel

Anliegen des Ratgebers ist es, Verantwortlichen in mittelständischen Unternehmen eine konkrete Vorstellung an die Hand zu geben, wie sie in ihrem eigenen Unternehmen den Einstieg in die Künstliche Intelligenz schaffen können. Dabei kann ein Buch weder einen vollständigen Überblick über die Möglichkeiten von KI geben noch eine Bedienungsanleitung zur Implementierung von Methoden sein – dazu ist das Thema zu komplex und zugleich zu individuell, wie später gezeigt wird. Es kann aber einen umfassenden Überblick über Möglichkeiten geben, die dann gezielt weiterverfolgt werden können.

Und noch ein Hinweis: Alle Praxisbeispiele – mit Ausnahme der Use Cases, die die Experten in den Interviews nennen – sind zwar fiktiv, aber realitätsnah.

Die Autoren

Prof. Dr. Oliver Niggemann hat den Lehrstuhl Informatik im Maschinenbau an der Helmut-Schmidt-Universität in Hamburg inne. Seine Forschungsschwerpunkte sind Künstliche Intelligenz und Maschinelles Lernen für Cyber-Physische Systeme. Zuvor arbeitete er in verantwortlichen Positionen beim Fraunhofer Institut IOSB und in der Industrie.

Miriam Elmers ist Journalistin und Autorin. Sie hat sich darauf spezialisiert, komplexe Sachverhalte verständlich und zielgruppenspezifisch darzustellen.

Inhaltsverzeichnis

Teil 1: Künstliche Intelligenz

Was bedeutet eigentlich „Künstliche Intelligenz"? Ein erster Überblick

„Der Begriff ist nicht besonders gut"

Künstliche Intelligenz: Was versteht man überhaupt unter diesem Begriff? Kann eine Maschine, kann eine Produktionsanlage wirklich intelligent sein? *Prof. Dr. Oliver Niggemann* über ungenaue Übersetzungen, verschiedene Definitionen – und die Freiheit, sich eine davon auszusuchen.

Der Begriff „Künstliche Intelligenz" wird ja oft kritisiert. Zu Recht?

Sagen wir es so: Er ist nicht besonders gut, vor allem die deutsche Übersetzung nicht – aber es ist mittlerweile ein stehender Begriff, mit dem wir leben müssen. In den 1950er-, 1960er-Jahren hat man den Begriff „artificial intelligence" geprägt. Dabei muss man bedenken: „intelligence" und „Intelligenz", die Begriffe auf Englisch und Deutsch, klingen zwar ähnlich, haben aber verschiedene Bedeutungen. Das englische „intelligence" umfasst auch Bedeutungen wie „Informationsgewinnung". Man würde im Englischen in der Regel nicht sagen: „He is intelligent", sondern man würde beispielsweise sagen: „He is smart." Der Begriff „artificial intelligence" ist schon im Englischen nicht besonders gut – und er ist durch die deutsche Übersetzung noch schlechter geworden. Aber: Er ist halt da und wird verwendet.

Wie sieht es aus mit den Definitionen?

Es gibt nicht die eine Definition, vielmehr versteht jeder etwas anderes darunter. Ich arbeite normalerweise mit drei Definitionen und sage meinen Studierenden: Sucht euch einfach eine aus.

Die erste Definition geht auf Alan Turing zurück, einen der Väter der Informatik. Sie besagt: Sobald der Computer eine Aufgabe übernimmt, die man eigentlich der menschlichen Intelligenz zuschreiben würde, gilt das System als intelligent. Wenn zum Beispiel das Finden von Routen eine typisch menschliche Aufgabe ist, ist das Navigationssystem eine Künstliche Intelligenz. Wenn der Computer etwas übersetzt – eigentlich eine menschliche Aufgabe –, dann ist das Künstliche Intelligenz. Wenn also das künstliche System nicht mehr vom menschlichen zu unterscheiden ist, dann gilt es nach dieser Definition als intelligent. Turing hat, etwas vereinfacht, gesagt: Setz einen Menschen in eine Kiste, setz einen Computer in eine Kiste – wenn du das Verhalten nicht mehr auseinanderhalten kannst, dann ist der Computer intelligent.

Über diesen Ansatz kann man natürlich streiten. Der große Nachteil dieser Definition ist, dass der Mensch das Maß der Dinge ist. Und natürlich kann man auch einwenden, dass vieles, was wir Menschen tun, nichts mit Intelligenz zu tun hat. Wenn ich mich nach einer Autoversicherung erkundige, bekomme ich eine Auswahl vorgegebener Policen. Dazu ist nicht wirklich viel Intelligenz nötig. Der Mensch macht viele repetitive Vorgänge, die auch der Rechner kann. Ist das dann Intelligenz?

Wie sieht die zweite Definition aus?

Die zweite Definition geht von den Eigenschaften der technischen Lösung aus. Das gefällt mir deutlich besser, auch weil der direkte Vergleich mit dem Menschen fehlt.

Die Definition besagt: Man gibt dem System ein Ziel vor, und es findet die Lösung selbstständig. Das WAS beschreibt der Mensch, das WIE löst das System. Ein Beispiel: Man sagt einem autonomen Fahrzeug, dass man zu einem bestimmten Restaurant möchte, und es fährt einen dorthin. Das ist anders als heute: Ich gebe in das Navigationssystem zwar das Ziel ein, muss den Weg aber noch selbst fahren. Oder man sagt: Ich hätte gerne, dass ein Auto individuell für mich produziert wird – eine bestimmte Farbe, individuelle Ausstattung und Wunsch-Materialien. Heute werden in der Fabrik mehrere Menschen dazu gebraucht, das System entsprechend aufzubauen, zu konfigurieren und zu programmieren. Eine KI-Fabrik konfiguriert sich selbst so um, dass das Auto produziert wird. Die zweite Definition geht also von einem autonomen und adaptiven System aus, das selbst eine Lösung findet.

Und die dritte Definition?

Das ist die, die die meisten sicherlich im Hinterkopf haben und die eng mit dem aktuellen KI-Hype zusammenhängt: Alles, was Maschinelles Lernen und Datenanalyse ist, nennt man KI – wenn man also Daten erfasst und analysiert. Aber: Das ist alles nicht trennscharf und es gibt ohnehin keine verbindliche Definition.

Künstliche Intelligenz: Eine wissenschaftliche Einführung für Fortgeschrittene

Unter Künstlicher Intelligenz, kurz KI, werden Methoden der Informatik zusammengefasst, die darauf abzielen, die Autonomie von Systemen zu erhöhen. Autonomie bedeutet, dass ein System auf Bedingungen reagiert, die sich ändern. Und mehr noch: Es ermittelt selbstständig eine neue Strategie, um ein vorgegebenes Ziel zu erreichen.

Ein Beispiel: Ein Produktionssystem stellt Getränke her. Ändern sich Bedingungen – zum Beispiel durch eine andere Rohstoffzusammensetzung oder durch den Ausfall von Teilen der Anlage –, sucht das KI-System selbstständig und ohne menschliches Zutun eine neue Anlagenkonfiguration, um das Produktionsziel trotzdem zu erreichen. Oft greifen KI-Systeme dabei auf Vorwissen über den Prozess zurück, etwa über die Zusammenhänge zwischen Temperaturen und Getränkeeigenschaften, die es zuvor aus vorhandenen Daten gelernt hat.

Wie „lernt" ein System?

Vereinfacht ausgedrückt: Ziel ist beispielsweise, dass ein Apfelsaft immer ähnlich schmeckt – erreicht wird das durch eine Kombination aus Rohstoffzufuhr, Temperatur und Bearbeitungszeit. Zunächst muss der Mensch Vorgaben machen, welche Werte im gesamten Prozess dem Normbereich entsprechen, also in Ordnung sind – zum Beispiel, welchen Minimal- und Maximalgehalt an Zucker die Äpfel haben und wie lange Bearbeitungszeiten sein dürfen oder welche Normen für das Endprodukt gelten. Um dieses Ziel zu erreichen, kann es verschiedene Wege geben: Je nach Charakteristika der Äpfel müssen Prozessparameter wie Temperaturen und Dauer von Prozessschritten angepasst werden. Aus erfolgreichen – und auch nicht erfolgreichen – Ergebnissen „lernt" das System, welche Wege es in Zukunft wählen sollte: Es entsteht ein sogenanntes Modell des Domänenwissens.

Wissen im Fokus

Modelle des Domänenwissens – beispielsweise mathematische Gleichungen oder Systemstrukturen – sind ein Kernbestandteil von KI-Lösungen, sie werden auf der Grundlage von System- und Domänenwissen von Experten entwickelt. So kann ein Modell in der Prozesstechnik zum Beispiel die Struktur eines konkreten Systems beschreiben, aber auch ganz allgemeine physikalische Zusammenhänge, etwa, dass sich die Flüsse in einer Kreuzung zu null addieren. Eine Kernaufgabe solcher Modelle ist die Prognose des Systemverhaltens, man spielt also die Realität quasi zunächst theoretisch durch. So kann man zum Beispiel durch Analyse der Differenz zwischen Prognose und Realität Verschleißeffekte erkennen.

Maschinelles Lernen

Ein wichtiger Bestandteil von KI-Systemen ist das Maschinelle Lernen (ML). Anhand von Daten und Beobachtungen – beispielsweise Temperaturen, Drücke und Leistungsaufnahmen – sollen Modellteile erlernt werden, also: durch Lernen entwickelt oder weiterentwickelt werden. Das bedeutet: Ein lernendes System verbessert sich durch Daten und Beobachtungen kontinuierlich selbst. So könnte beispielsweise ein Logistiksystem anhand von Daten aus der Vergangenheit optimale Transportwege und Lagerbestände für die Zukunft berechnen.

Der Zusammenhang zwischen ML und KI

Traditionell waren KI und ML zwei verschiedene Forschungsgebiete. Die traditionelle KI verwendet sogenannte symbolische Methoden wie Ontologien und formale Logik, um Schlussfolgerungen zu ziehen. ML dagegen analysiert Daten wie Sensorsignale, um fehlendes Wissen zu erlernen. Seit einigen Jahren jedoch vermischen sich diese Begriffe immer mehr und sind mittlerweile kaum noch voneinander zu trennen. Der aktuelle KI-Trend beruht vor allem auf den Erfolgen aus dem Gebiet des ML, zum Beispiel bei neuen, ML-basierten Bildverarbeitungsmethoden. Um es nicht zu kompliziert zu machen, verwenden wir in diesem Buch den Begriff KI als Überbegriff sowohl für Maschinelles Lernen als auch für die symbolische, also die traditionelle Künstliche Intelligenz.

KI-Teilgebiet: Symbolische KI

Was ist „symbolisch" an der symbolischen KI? Der Begriff „symbolisch" ist hier als Gegensatz zu „numerisch" zu verstehen: Es geht um Begriffe, nicht um Zahlen. Abbildung 1 zeigt ein Beispiel: Zwei Sensoren in einer Anlage liefern Temperaturwerte. Zu einem bestimmten Zeitpunkt werden einer Steuerung zum Beispiel die Werte 70 und 92 Grad Celsius gemeldet. Das sind rein numerische Werte, die Zahlen kommen ohne Beschreibung und sind – außerhalb eines Kontexts – ohne Bedeutung. Man spricht hier auch von fehlender Semantik.

- ***Ontologien und Kausalitäten:*** Symbolische KI hilft dabei, diese fehlende Semantik zu ergänzen. Eine Möglichkeit dafür sind Ontologien: Ontologien sind Modelle aus symbolischen Begriffen, zum Beispiel „Sensor". Damit werden die Begriffe der Anwendungsdomäne und die Beziehung zwischen diesen Begriffen klar und unmissverständlich definiert. In Abbildung 1 (linke Seite oben) zeigt der Pfeil, dass die Ontologie „Temperatursensor" ein spezieller Fall der Ontologie „Sensor" ist.
- Kausalitäten wie in Abbildung 1 (rechte Seite oben) sind ein anderes wichtiges Instrument der symbolischen KI: So kann ein Sensorausfall eine angeschlossene Steuerung negativ beeinflussen. Auch hier sind die Bestandteile der Kausalität symbolische Begriffe wie „Sensor".
- Zuerst werden nun Temperaturwerte mit der Ontologie „Temperatursensor" verbunden – die Zahl, die vom Sensor kommt, wird also als Temperaturwert definiert.

Mit dieser Information kann eine Software durch Verwendung der genannten Kausalität schließen, dass eine zu hohe Temperatur zu einem Ausfall der Steuerung führen kann. Dies kann beispielsweise für eine Diagnose verwendet werden.

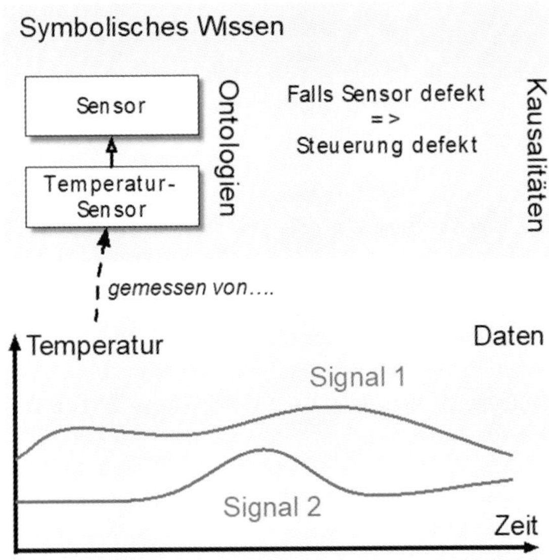

Abbildung 1: Daten (Sensorsignale) und ein passendes Wissensmodell

KI-Teilgebiet: Maschinelles Lernen

Im Gegensatz zur symbolischen KI analysiert Maschinelles Lernen numerische Daten. Ein Beispiel für Daten zeigt Abbildung 2: Die Punkte sind Messungen von Leistungen eines Antriebs für einige Umdrehungszahlen. Das Ziel von Maschinellem Lernen ist das Überführen von solchen Daten in eine kompakte Form. Diese dient nicht etwa der platzsparenden Speicherung, vielmehr wird damit ein generalisierungsfähiges Modell gelernt.

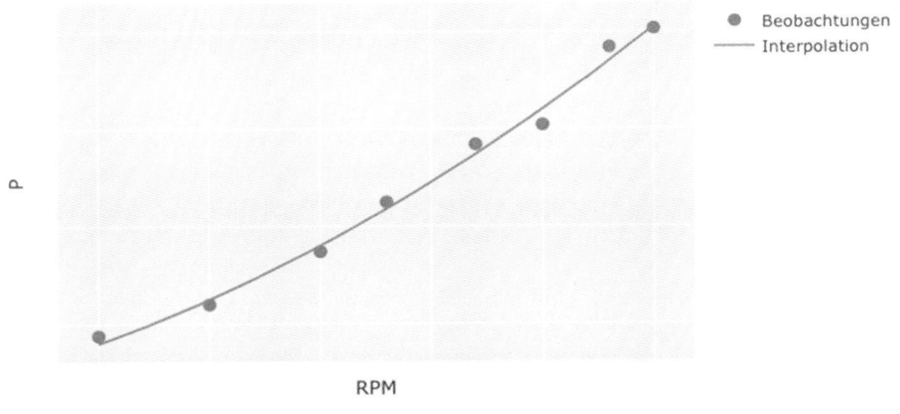

Abbildung 2: Beispiel für Maschinelles Lernen

Was heißt „generalisierungsfähiges Modell“? Wie schon erläutert, dient ein Modell zunächst dazu, Aspekte der Realität vorherzusagen, zum Beispiel die Leistungsaufnahme eines Antriebs für eine bestimmte Umdrehungszahl. In Abbildung 2 sagt die durchgehende Kurve die Leistung auch für Bereiche vorher, die nicht von den einzelnen Punkten abgedeckt sind – die Kurve generalisiert also die Messungen.

Maschinelles Lernen berechnet nun diejenige Kurve, die am besten zu den Beobachtungspunkten passt. Das heißt: In den meisten Fällen in der Produktion berechnet ML ein prognosefähiges Modell. Eine solche Darstellung ist kompakter als eine Liste mit allen Beobachtungen, zudem generalisiert sie die Beobachtungsdaten.

Einfache KI-Anwendungen für die Produktion?

Nun könnte man meinen, dass KI- und ML-Methoden gut erforscht sind und man sie nur auf ein Produktionssystem anwenden muss. Oder noch mehr: Vielleicht reicht es ja aus, eine KI-Software zu kaufen und sich durchzuklicken? Eher nein. Selbst für Standard-KI-Anwendungen ist Letzteres nur mit zumindest grundlegenden KI-Kenntnissen möglich. Der Grund: KI- und ML-Methoden wurden oft für ganz andere Daten entwickelt, etwa für Wirtschaftsdaten – in diesen Bereichen jedoch werden ML-Methoden durch Experten wie Data Scientists bedient, die sie selbst konfigurieren und die Ergebnisse interpretieren können. Solche Data Scientists, die die Methoden kennen, fehlen in Produktionsunternehmen aber in der Regel, und dies wird noch relevanter, wenn ML-Methoden in Zukunft sogar autonom in den Automationssystemen funktionieren sollen. Hinzu kommt eine weitere Schwierigkeit: Produktionssysteme sind immer bis zu einem gewissen Punkt individuell, und so sind auch oft individuell angepasste KI-Systeme erforderlich.

Spezielle Herausforderungen bei Produktionssystemen

Folgende Punkte unterscheiden Produktionssysteme von nicht-technischen KI-Anwendungen wie Businessdaten und Bildverarbeitung – und erfordern daher angepasste KI- und ML-Lösungen.

- *Geschlossene Regelkreise:* Die Ergebnisse nicht-technischer KI-Anwendungen wie Geschäftsdaten werden in der Regel von einem Menschen interpretiert, überprüft und genutzt. Die Verwendung von ML in einem Produktionssystem dagegen bedeutet oft die Verwendung in einem geschlossenen Regelkreis: Die Ergebnisse werden von einer Software interpretiert und dann automatisch zur Optimierung genutzt. Ein Mensch ist normalerweise nicht mehr involviert. So sollen beispielsweise gelernte Modelle von Transportsystemen genutzt werden, um Intralogistiksysteme zu optimieren: Können Transportzeiten durch die gelernten Modelle vorhergesagt werden, sind Optimierungsmethoden in der Lage, selbst optimale Transportwege zu berechnen. Dazu müssen die gelernten Modelle Ausgabewerte wie Ressourcenverbrauch und Umdrehungen für alle denkbaren Eingabewerte vorhersagen. Diese sogenannte Extrapolationsfähigkeit bedeutet normalerweise, dass

Werte vorhergesagt werden müssen, die weit von den tatsächlich bereits beobachteten Betriebspunkten und den beobachteten Datenpunkten entfernt sind. Dies ist insbesondere ein Problem für technische Systeme, bei denen nicht viele verschiedene Datenpunkte verfügbar sind, die dann auch noch in wenigen Regionen geclustert sind.

- *Zeit und Zustand:* Das Hauptmerkmal aller physischen Systeme ist, dass ihr Verhalten über die Zeit betrachtet werden muss, nicht nur zu einem bestimmten Zeitpunkt – daher müssen alle ML-Ergebnisse ebenfalls das Systemverhalten über die Zeit vorhersagen. Ein Beispiel aus der Verfahrenstechnik ist die Vorhersage, wann ein Behälter gefüllt ist: Das ist nicht möglich, wenn man nur die aktuellen Zufluss-Daten zur Verfügung hat, vielmehr werden auch Informationen über die Vergangenheit benötigt, etwa der Füllstand zu einem bestimmten Zeitpunkt. Das Verhalten über die Zeit umfasst also erstens Zustände aus der Vergangenheit und zweitens Kausalitäten, also Ursache-Wirkungs-Beziehungen. Drittens sind gemeinsame, einheitliche Zeitmodelle für den physischen und den Software-Teil eines Produktionssystems notwendig.
- *Unsicherheit:* Um KI-Verfahren und gelernte Modelle in der Produktion einzusetzen, ist es zwingend notwendig, die Unsicherheit der Prognosen der KI-Systeme zu bewerten. Sagt ein KI-System beispielsweise einen Systemausfall vorher, ist der Grad der Sicherheit dieser Prognose entscheidend für das korrekte Vorgehen. Unsicherheiten entstehen meistens durch Rauschen auf den Sensordaten oder durch Werte, die nicht beobachtet werden können, beispielsweise die Viskosität in Reaktoren oder die Leistungsaufnahme an einzelnen Antrieben.
- *Vorwissen:* Für Produktionsanlagen existiert viel Vorwissen aus der Planungszeit, auf Grundlage von physikalischen Gesetzen und aus Ingenieurwissen. Dieses individuelle Wissen sollte verwendet werden, um KI- und ML-Verfahren zu verbessern. Gerade für ML-Lösungen kann Vorwissen eine geringe Datenmenge ersetzen. Dabei sind mit „geringen Datenmengen“ nicht zu wenige Sensormessungen gemeint, durch lange Messzeiten ließen sich durchaus einfach große Datenmengen generieren. Aber: Diese Daten beinhalten aufgrund des zyklischen Anlagenverhaltens in der Regel viele Wiederholungen, es gibt also oft keine breite Datenbasis.
- Zum Vorwissen von beteiligten Experten kann gehören, dass ein Sensor einen speziellen Antrieb schaltet, dass ein Teilsystem zu einer spezifischen Geräteklasse gehört, aber auch allgemeines Ingenieurwissen zum Systemverhalten. Diese Information kann verwendet werden, um das Maschinelle Lernen zu verbessern, so kann wie in Abbildung 2 das Vorwissen „Quadratische Kurve“ eingebracht werden. Oder das Vorwissen dient zur Diagnose: Ist der Sensor ausgeschaltet und der Antrieb läuft trotzdem, muss ein Fehler vorliegen.

Generell kann man festhalten, dass KI im Zusammenhang mit ML im Prinzip ein interdisziplinäres Thema zwischen Ingenieurwissenschaften und Informatik ist und durch entsprechend angepasste Methoden angegangen werden muss. Das bedeutet aber auch, dass man KI für den Produktionsbereich nicht einfach dazukaufen kann, sondern dass Investitionen und der Aufbau von eigenem Know-how entscheidend für den Erfolg sind.

Maschinelles Lernen (ML)

Maschinelles Lernen ist ein Sammelbegriff für sehr unterschiedliche Verfahren zur Analyse von Daten, um Erkenntnisse zu generieren oder zu überprüfen – so kann beispielsweise ein Modell des Energieverbrauchs einer Produktionslinie gelernt und durch Lernen entwickelt werden. Allerdings: Eine allumfassende, von allen akzeptierte Einteilung solcher Verfahren gibt es nicht, auch keine einheitliche Theorie. Im Folgenden werden einige typische Datenanalyseverfahren sehr kurz und exemplarisch vorgestellt. Ziel ist es hier vor allem, einige wichtige Begriffe einzuführen.

Statistik

ML ohne Statistik ist nicht denkbar. Statistische Verfahren sind die ältesten bekannten Methoden zur Datenanalyse, dazu zählt beispielsweise die bekannte lineare Regression. Allgemein formuliert: Immer dann, wenn Statistik funktioniert, ist sie anderen, nichtstatistischen Verfahren vorzuziehen. Abbildung 3 zeigt ein typisches Vorgehen, in diesem Beispiel geht es um die Analyse eines Temperatursensors in einem Produktionssystem. In Abbildung 3 ist links oben eine Verteilungsfunktion zu sehen, in diesem Fall die sogenannte Normalverteilung: Die x-Achse zeigt die möglichen Temperaturwerte, auf der y-Achse ist zu sehen, wie wahrscheinlich ein bestimmter Wert ist. Die generelle Form der Verteilungsfunktion der Daten muss vorab bekannt sein – es ist typisch für statistische Methoden, dass sie einiges an Vorwissen verlangen.

Entscheidend hier ist die Form: Die Werte gruppieren sich um einen Wert mit der höchsten Wahrscheinlichkeit, dem Erwartungswert. Ausgehend von diesem Erwartungswert werden die Wahrscheinlichkeiten schnell kleiner, diese Geschwindigkeit beschreibt die sogenannte Varianz. Wichtig: Die Normalverteilung definiert die Form, Erwartungswert und Varianz muss der Benutzer bestimmen.

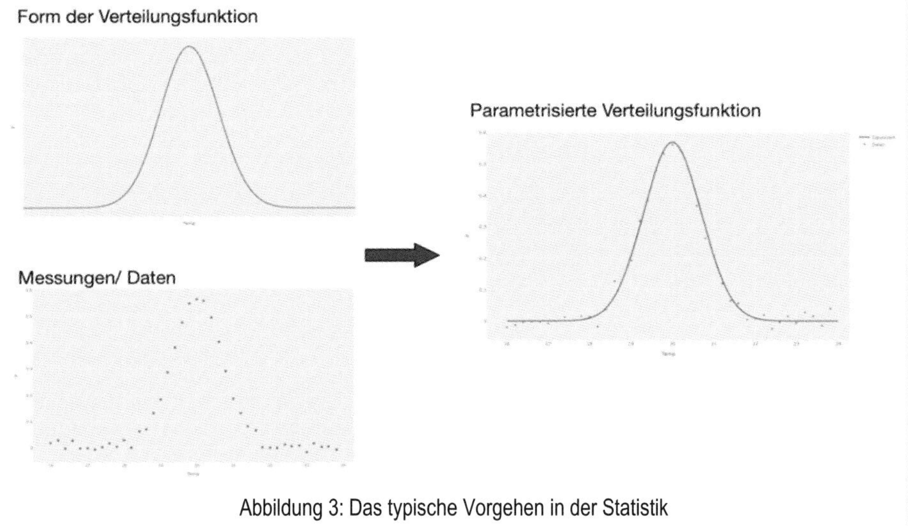

Abbildung 3: Das typische Vorgehen in der Statistik

Links unten in Abbildung 3 sind die Temperaturmessungen zu sehen. Als Vorwissen wird benötigt, dass diese Daten der Normalverteilung folgen. In diesem Fall würde man nun mit statistischen Mitteln versuchen, die vorgegebene Form in Bezug zu den Daten zu setzen. Dies ist rechts in Abbildung 3 zu sehen: Hier wurde durch die Daten der Mittelwert der Temperatur als 20 Grad identifiziert.

Ist die Kurve einmal aus den Daten berechnet, kann sie genutzt werden, um bislang unbekannte Werte einzuschätzen. Die Kurve definiert ja die Wahrscheinlichkeit eines Temperaturwerts: So hat ein Wert von 20 Grad eine hohe Wahrscheinlichkeit, während 18 Grad nur eine sehr geringe Wahrscheinlichkeit aufweist. Damit wiederum lässt sich zum Beispiel eine Temperaturüberwachung realisieren.

Neuronale Netze

Viele Datenanalyse-Aufgaben lassen sich als das Lernen einer mathematischen Funktion auffassen. Neuronale Netze stellen eine Art dar, solche Funktionen zu lernen – dies wird in überwachtes und unüberwachtes Lernen eingeteilt.

- *Überwachtes Lernen:* Eine typische Aufgabe ist das überwachte Lernen. Alle Daten bekommen vorab eine Klassifikation, zum Beispiel „ok“ oder „zu hohe Leistungsaufnahme“. Ein Beispiel: Bei der Qualitätskontrolle einer Smartphone-Produktion wird von jedem Gerät durch eine spezielle Kamera ein Bild gemacht. Jedem Bild wird von einem Mitarbeiter manuell entweder die Klassifikation „ok“ oder „Kratzer“ zugeordnet. Ziel ist es nun, dass das System diese Klassifikation für neue, ihm noch unbekannte Bilder lernt. Dazu wird beispielsweise eine Funktion gelernt, die die Pixelwerte als Eingabe bekommt und beispielsweise einen Wert >0 liefert, falls die Klassifikation „ok“ vorliegt und bei Kratzer-Bildern einen Wert <0 berechnet. Diese Art von Aufgaben wird auch als Klassifikationsaufgaben bezeichnet. So lernt das System durch das Lernen der Klassifikationsfunktion, Bilder selbst zu klassifizieren, und wird dabei immer besser.

- Eine zweite typische Art von überwachtem Lernen ist die Regression. Dabei werden numerische Werte wie Drücke oder Temperaturen als mathematische Funktion gelernt. Ein Beispiel ist die Prognose der Leistungsaufnahme eines Antriebs. Gegeben sind gemessene Werte wie Geschwindigkeit und Lasten sowie jeweils die dazugehörige Leistungsaufnahme. Basierend auf diesen Daten wird eine Funktion gelernt, die Geschwindigkeit und Last in Bezug zu der zu erwartenden Leistungsaufnahme setzt. Für eine neue Antriebssituation kann die Funktion nun die zu erwartende Leistungsaufnahme prognostizieren. Durch Nutzung der Funktion lässt sich zum Beispiel der optimale Betriebspunkt ermitteln

- *Unüberwachtes Lernen:* Eine ganz andere Aufgabe erfüllt das unüberwachte Lernen. Anders als bei den überwachten Lernaufgaben sind die historischen Daten hier nicht klassifiziert und auch keine gesuchten Prognosewerte. Gelernt wird nun eine Funktion, deren Wert beispielsweise nur eine Auskunft über die Ähnlichkeit eines neuen Werts zu den historischen Daten gibt. Ein Beispiel sind Sensordaten eines chemischen Reaktors, beispielsweise Temperatur und Druck. Mit der Funktion kann eingeschätzt werden, ob die aktuelle Situation normal, das heißt ähnlich wie frühere Situationen, oder ungewöhnlich ist.

- *Komplexe Funktionen:* Neuronale Netze stellen nur eine Methode dar, um Funktionen wie in den Beispielen zu definieren und zu lernen. Tatsächlich werden bei einem Neuronalen Netz komplexe Funktionen durch das Zusammenfügen vieler kleiner Funktionen definiert. Abbildung 4 zeigt ein stark vereinfachtes Bild eines Neuronalen Netzes: Die Gesamtfunktion f entsteht durch die Verknüpfung vieler kleiner Funktionen $f_1, f_2, ..., f_m, ..., f_n$, die Ausgaben einiger Funktionen (z. B. f_1) werden damit zu den Eingaben anderer Funktionen (z. B. f_3).

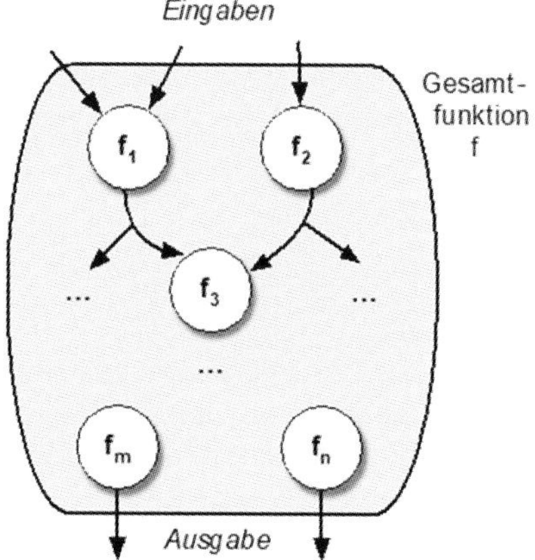

Abbildung 4: Grundstruktur eines Neuronalen Netzes

Um nun eine spezielle Funktion lernen zu können, verfügen diese kleinen Funktionen f_i über freie Parameter, sogenannte Gewichte – durch Festlegen der Gewichte ändern sich die Funktionen. Beim Lernen werden nun Gewichte für f gesucht, so dass f zu den vorgegebenen Daten passt.

In der Praxis bedeutet das, dass vor dem eigentlichen Lernen viele Dinge zu klären sind: Welche kleinen Funktionen werden verwendet? Wie werden die kleinen Funktionen zu f verschaltet? Mit welcher Methode können die Gewichte berechnet werden? Das muss ein KI-Experte während des Projekts festlegen.

Symbolische Künstliche Intelligenz (SKI)

Grundlage der SKI ist vor allem die mathematische Logik – sie erlaubt es, Zusammenhänge zwischen Symbolen auszudrücken. Symbole stehen für Teile der Realität, zum Beispiel „Sensor kaputt“ oder „Chemikalie zu heiß“. Diese Symbole wiederum können wahr oder falsch sein: der Sensor ist kaputt („Sensor kaputt“ – wahr) oder er ist nicht kaputt („Sensor kaputt“ – nicht wahr).

Logik erlaubt es auch, Zusammenhänge zwischen Symbolen auszudrücken: Aus „Sensor kaputt“ folgt „Chemikalie zu heiß“, aus „Antriebe laufen“ folgt „verbrauchen Energie“. Das heißt: Sobald bekannt wird, dass der Sensor ausgefallen ist – „Sensor kaputt“

wahr –, kann das KI-System folgern, dass die Chemikalie zu heiß ist – „Chemikalie zu heiß“ wahr. Solche Modelle werden verwendet, um Wissen über die Anwendungsfelder auszudrücken und um neues Wissen als Schlussfolgerung zu generieren. Typisches Wissen sind Domänenbegriffe, Anlagenstrukturen, Kausalitäten und Prozesswissen.

Im Folgenden findet sich eine kleine Auswahl von typischen Anwendungen der Symbolischen KI: die Wissensmodellierung und Plausibilisierung, die Diagnose und die Planung.

Wissensmodellierung und Plausibilisierung

Wissensmodelle – zum Beispiel Ontologiemodelle – werden oft dazu genutzt, die Bedeutung von Daten zu definieren. Ontologien sind Objekte der Realität, in Abbildung 5 sind es „Druck“ und „Temperatur“. Und auch Zusammenhänge können als Ontologien definiert werden, in diesem Beispiel beeinflusst der Druck die Temperatur.

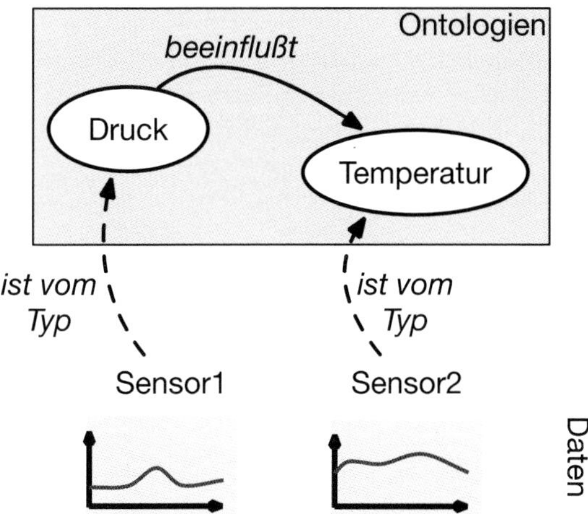

Abbildung 5: Ontologien zur Datenplausibilisierung

Sensorsignale in Anlagen werden oft ohne weitere Informationen erfasst. Durch die Verbindung zu einem Ontologiemodell bekommen die Daten eine Bedeutung, daher spricht man hier auch von einem Semantikmodell. In Abbildung 5 werden die Sensorsignale 1 und 2 mit den Ontologien „Druck“ und „Temperatur“ verbunden. Ein KI-System weiß nun, dass Sensor 1 eine Temperatur erfasst und kann die Sensorsignale entsprechend auswerten.

Ein KI-System kann auch weitergehen und die Informationen des Ontologiemodells nutzen, um die Daten zu plausibilisieren. So kann der Zusammenhang „Druck beeinflusst die Temperatur“ verwendet werden, um die gemessenen Daten zu prüfen: Gilt der Zusammenhang nicht, könnte zum Beispiel ein Fehler bei den Sensoren vorliegen.

Diagnose

In modernen Produktionsanlagen ist die Identifizierung von Fehlerursachen aufgrund komplexer Anlagenanschlüsse und hoher Automatisierungsebenen eine große Herausforderung. Selbst wenn ein nicht-normales Verhalten in Form von Alarmen und Fehlermeldungen – sogenannten Symptome – festgestellt wurde, sind Schlussfolgerungen über die Grundursache, die sogenannte Diagnose, nicht trivial: Oft führt ein einziger Fehler früh im Produktionsprozess später zu mehreren verschiedenen Symptomen und Alarmen, zu sogenannten Alarmfluten. Andererseits kann ein bestimmtes Symptom unterschiedliche Ursachen haben. Je komplexer und vernetzter das System ist, desto länger dauert die Identifizierung der Ursache, und damit verzögert sich die Reparatur. Um die Grundursache schnell zu identifizieren und alle Symptome zu erklären, werden die Kausalitäten analysiert, die Algorithmen beantworten dabei die Frage: Welche Grundursache kann zu allen diesen Symptomen führen?

Abbildung 6 zeigt ein Beispiel aus einem verfahrenstechnischen Reaktor: Das System zeigt als Warnung das Symptom „Qualitätsproblem A“ an. Das Netzwerk aus Kausalitäten modelliert den Zusammenhang, dass ein Sensorausfall eine Temperaturerhöhung zur Folge haben kann, was wiederum zu Qualitätsproblemen in der Produktion führt. Allerdings: Eine falsche Zutat kann denselben Effekt bewirken.

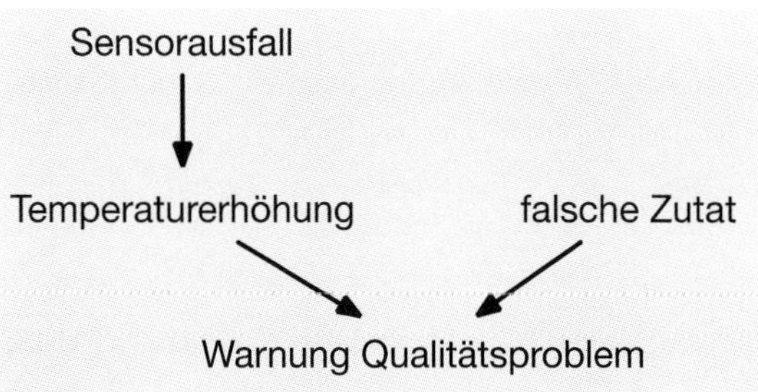

Abbildung 6: Diagnosemodell

Es gibt heute eine große Zahl verschiedener Diagnoseverfahren, viele benötigen auch kein Wissen über mögliche Fehlerquellen (z. B. „Sensorausfall“) und arbeiten nur mit Modellen des normalen Systemverhaltens. Alle haben aber gemeinsam, dass symbolisches Wissen wie Kausalitäten eine wichtige Rolle spielt.

Planung

Planung ist die Berechnung einer Folge von Prozessschritten, die Rohobjekte wie Reifen und Motorteile in ein Produkt überführen, etwa in ein Fahrzeug. Ein einzelner Prozessschritt ist dabei vor allem durch die Eingaben – Was kommt in den Prozessschritt hinein? – und durch die Ausgabe – Was wird produziert? – definiert. Prozessschritte umfassen aber oft auch weitere Informationen wie Zeitdauern oder Ressourcenverbräche. Jeder Prozessschritt kann dabei normalerweise durch ein oder mehrere Maschinenmodule durchgeführt werden.

Abbildung 7 zeigt ein Beispiel: Prozessschritt 1 definiert das Herausnehmen eines Werkstücks aus einem Lager durch einen Roboter, Prozessschritt 2 definiert das Bohren eines Lochs in ein Werkstück. Beide Prozessschritte können beispielsweise als Fähigkeitsbeschreibung eines Maschinenmoduls dienen.

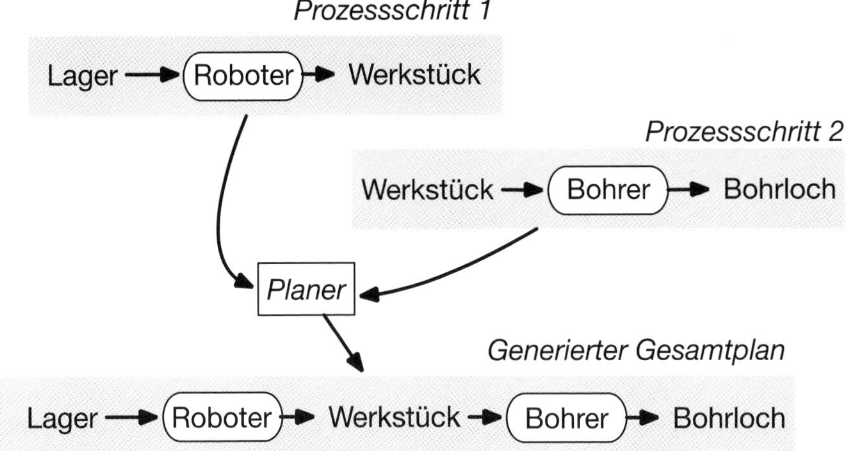

Abbildung 7: Vereinfachte Grundidee einer automatischen Planung

Ein KI-System, ein sogenannter Planer, verwendet diese Modelle und sucht eine Abfolge von Prozessschritten, die ein vorgegebenes Ziel – hier: Bohrloch – erreichen. Natürlich muss ein vorheriger Schritt die Eingabe des nächsten Produktionsschritts herstellen. KI-Systeme sind heute auch in der Lage, Aspekte wie Ressourcenverbräuche, Zeitpunkte der Produktionsschritte und optimale Maschinenausnutzung zu optimieren.

Teil 2: Künstliche Intelligenz in der Arbeitswelt

KI im deutschen Mittelstand: Zahlen und Fakten

Über Künstliche Intelligenz wird viel gesprochen. Doch wenn man sich die Zahlen aus Produktionsunternehmen ansieht, dann wird klar: Erst ein sehr kleiner Teil der Betriebe – weniger als sechs Prozent – arbeitet tatsächlich schon mit KI-Anwendungen. Zwei Studien geben einen Überblick über den Status quo.

„Einsatz von Künstlicher Intelligenz in der Deutschen Wirtschaft"

Stand der KI-Nutzung im Jahr 2019, herausgegeben vom Bundesministerium für Wirtschaft und Energie, März 2020[1]

- Definition KI: „Technik der Informationsverarbeitung zur eigenständigen Lösung von Problemen durch Computer"
- Unternehmen im Berichtskreis: produzierendes Gewerbe und überwiegend unternehmensorientierte Dienstleistungen
- **Nutzung KI: insgesamt 17.500 Unternehmen (>5,8 % der Unternehmen)**
- Einsatz KI in Produkten oder Dienstleistungen: 4,4 % der Unternehmen
- stark auf KI basierendes Geschäftsmodell: 2.100 Unternehmen
- Ausgaben für KI: rund 4,8 Milliarden Euro (>270.000 Euro pro Unternehmen mit KI-Einsatz)
- **Mitarbeiter im KI-Bereich:**
  - **0,84 % aller Beschäftigten**
  - 50.000 Personen hauptsächlich mit KI beschäftigt
  - 89.000 Personen zum kleineren Teil mit KI beschäftigt
- erzielter Umsatz durch KI: knapp 60 Milliarden Euro (>1,1 % des Umsatzes aller Unternehmen bzw. 7,7 % des Umsatzes der KI einsetzenden Unternehmen)

[1] Bundesministerium für Wirtschaft und Energie: Einsatz von Künstlicher Intelligenz in der Deutschen Wirtschaft. Stand der KI-Nutzung im Jahr 2019. Berlin, 03/2020

- KI-Entwicklungen in KI einsetzenden Unternehmen:
  - 16 % Eigenentwicklungen
  - 24 % Eigenentwicklungen und Entwicklungen durch Dritte
  - 60 % Entwicklungen durch Dritte

"State of AI in the Enterprise. 3rd Edition"

Ergebnisse der Befragung von 200 AI-Experten zu Künstlicher Intelligenz in deutschen Unternehmen, herausgegeben von Deloitte, 6/2020[2]

- Befragte: 201 KI-Spezialisten aus deutschen Unternehmen mit mehr als 500 Mitarbeitern, die bereits KI einsetzen. Insgesamt wurden 2.737 Führungskräfte aus Australien, China, Deutschland, Frankreich, Großbritannien, Japan, Kanada, den Niederlanden und den USA befragt.
- Befragungszeitraum: Oktober bis Dezember 2019

Ergebnisse aus Deutschland:

- 79 % der Befragten sehen KI als sehr bedeutend oder erfolgskritisch.
- So gut wie alle befragten Unternehmen nutzen verschiedene KI-Technologien parallel: Machine Learning, Deep Learning, Natural Language Processing und Computer Vision.
- Besonderer Schwerpunkt deutscher KI-Projekte liegt im Bereich Finanzen: 15 % in Deutschland, 8 % international. Dagegen liegt der Anteil der Cyber-Security-Projekte in Deutschland niedriger als international.
- Nur 8 % der befragten deutschen Unternehmen entwickeln ihre KI selbst. 55 % kaufen Algorithmen, Applikationen oder vollständige Lösungen ganz oder überwiegend zu, das sind fünf Prozent mehr als in der globalen Auswertung.
- Der Trend geht auch international in Richtung Zukauf.
- Amortisierung wird beim überwiegenden Teil der KI-Projekte in Deutschland in weniger als zwei Jahren erreicht.

[2] Deloitte GmbH Wirtschaftsprüfungsgesellschaft: State of AI in the Enterprise. 3rd Edition. Ergebnisse der Befragung von 200 AI-Experten zu Künstlicher Intelligenz in deutschen Unternehmen. München, 6/2020

Wie weit sind deutsche Unternehmen bei KI?

„Das Neue steht im Wettbewerb zum Alten"

Deutschland zählt also nicht gerade zu den führenden Nationen, wenn es um Künstliche Intelligenz geht. Aber warum ist das so? Ein Autorengespräch über den deutschen Mittelstand und die Gründe, warum viele auf Bewährtes setzen.

Die Zahlen sind ernüchternd. Wie weit sind Unternehmen in Deutschland tatsächlich, was den Einsatz von KI angeht?

Das Bewusstsein über die grundsätzliche Wichtigkeit von KI ist mittlerweile sowohl bei großen Firmen als auch im Mittelstand angekommen. Doch inwiefern hat sich das schon jetzt auf neue Produkte und Qualifikationsprofile bei den Mitarbeitenden ausgewirkt? Gerade beim zweiten Punkt, bei den Mitarbeitenden, ist sicherlich noch sehr viel nachzuholen. Auch ist es für viele Firmen gar nicht so einfach, neue Produkte und Lösungen auf Basis von KI zu entwickeln – sowohl aus Gründen der Technik als auch des Know-how.

Wie steht Deutschland im weltweiten Vergleich da?

Das ist sicherlich sehr unterschiedlich. In vielen Anwendungsgebieten, zum Beispiel im Maschinenbau, hat Deutschland natürlich eine sehr gute Ausgangsbasis, wir sind in diesem Bereich ganz vorne dabei. Nun sind KI und ML aber leider nicht so gestrickt, dass wir Lösungsmethoden und Algorithmen, die in anderen Bereichen entwickelt werden, einfach nehmen und im Maschinenbau anwenden könnten – dazu bedarf es vielmehr neuer oder zumindest angepasster Methoden. Das bedeutet: Wir brauchen in Deutschland in viel stärkerem Maße eine aktive KI- und ML-Forschungsszene, die dann auch intensiv mit der Industrie zusammenarbeitet. Bezüglich der Entwicklung neuer KI-Methoden sind uns aktuell andere Länder voraus, zum Beispiel die USA und China. Und auch die Zusammenarbeit zwischen Forschung und Industrie, die uns in anderen Gebieten in Deutschland ja sehr gut gelingt, ist in diesem Feld noch ausbaufähig, um es mal diplomatisch auszudrücken.

Warum tun sich Firmen so schwer mit der Einführung von KI?

Aktuell lassen sich in den bestehenden Märkten viel einfacher Geschäfte machen, zumindest noch. Deutsche Firmen haben aufgrund der guten vergangenen Jahre nur wenig Ressourcen für solche Innovationen aufgewendet – zum Teil ist heute noch nicht sichtbar, dass man bereits Jahre verloren hat. Die neuen Märkte wiederum sind teilweise auch noch nicht greifbar und werden zudem aktuell eher von kleineren Firmen angegangen, oft aus dem Ausland.

Aber ist es nicht auch schwierig, sich vollständig umzustellen?

Ja, natürlich. Disruptive Innovation ist ja aufwändig und gefährlich für das eigene Geschäftsmodell. Warum sollte das jemand tun? Ein Beispiel: Führt ein Unternehmen ein Mietmodell für Maschinen ein, könnten seine Verkäufe erst einmal zurückgehen. Solche Innovationen – aus Sicht des Etablierten – richten sich auf neue Märkte, in denen aktuell oft deutlich geringere Margen erzielt werden. Das bedeutet: Innovationen und Investitionen in disruptive Modelle nehmen Firmen oft das Kapital, das sie eigentlich für neue Produkte in bestehenden Märkten benötigen – in bestehenden Märkten, in denen sie ihre benötigten Margen bekommen und ihren Gewinn erzielen.

Geht nicht auch beides: Gleichzeitig das Bewährte beizubehalten und Neues zu integrieren? Oder andersrum: Sollte nicht ein Unternehmen ein Interesse daran haben, die Innovationen selbst zu entwickeln, als den Markt anderen zu überlassen?

Nicht unbedingt. Es ist sehr schwierig für Firmen, die in bestimmten Märkten etabliert sind, neue Märkte zu erschließen. Das Neue steht halt im Wettbewerb zum Alten. Man darf nicht vergessen: Mit dem Alten hat die Firma ja erfolgreich gewirtschaftet. Hinzu kommt natürlich, dass neue Märkte neue Qualifikationen brauchen – das heißt, dass Mitarbeiter durch Innovationen ihre Rollen in den Firmen bedroht sehen.

Muss es denn gleich disruptiv sein? Genügt es nicht, das bestehende Geschäftsmodell nach und nach zu modernisieren und zu digitalisieren?

Ja, das ist die logische Alternative. Mittel- und kurzfristig erzielen Firmen damit zumeist sehr gute Ergebnisse. Natürlich: In dem Moment, in dem der neue, innovative Markt bedeutender wird als der alte, hat die Firma ein sehr ernstes Problem. Digitalfotografie ist ein gutes Beispiel: Hier hat es Jahre gedauert, bis der neue Markt der Digitalfotografie die alten Märkte überholt hat – danach waren die alten Märkte allerdings auch weg. Ob dies in den eher konservativen Märkten wie der Produktion tatsächlich so kommen wird oder ob die langen Laufzeiten von Fabriken solche disruptiven Entwicklungen verhindern, wissen wir nicht. Es besteht durchaus die Chance, in den Bereichen Maschinenbau und Produktion auch durch evolutionäre Verbesserungen erfolgreich zu sein.

Was können Firmen heute tun, um sich auf die Zukunft vorzubereiten?

Für mich ist ganz klar der wichtigste Tipp: Firmen sollten intern Know-how aufbauen. Eigene Mitarbeiter müssen Ahnung haben von KI, von Industrie 4.0, von Innovationen – das Ziel muss immer sein, dass das Wissen innerhalb der Firma aufgebaut wird. Heute ist es in diesem Bereich noch so, dass viele Firmen gewohnt sind, Technologien zuzukaufen. So funktioniert KI aber nicht. Man kann sie nicht einfach als Werkzeug zukaufen, dazu ist die KI zu heterogen, zu kompliziert, und sie muss richtig angewendet werden. Jedes Unternehmen, jede Anlage, jede Anwendung braucht eine ganz individuelle KI, und sie muss kontinuierlich weiterentwickelt werden. Es läuft klar auf Mitarbeiterqualifikation hinaus – man kann sowohl die eigenen Leute qualifizieren als auch neue Leute einstellen.

Wie kann man die eigenen Mitarbeitenden qualifizieren?

Wir Wissenschaftler arbeiten häufig mit Unternehmen zusammen. Der Einsatz von Forschungsprojekten ist sicherlich ein guter Ansatz: Dabei entwickeln Forschungsinstitute und Unternehmen gemeinsam Themen, und die Mitarbeiter werden intern geschult.

Woher bekommt man neue Mitarbeiter, auf was muss man achten?

Das Problem ist, dass wir in Deutschland zu wenig Experten für KI haben. Daher haben gerade mittelständische Firmen große Schwierigkeiten, entsprechende Fachleute auf dem Arbeitsmarkt zu bekommen. Ich glaube, gerade in diesem Bereich ist die Zeit einfach vorbei, in der man darauf wartet, dass Hochschulen Mitarbeiter ausbilden, die man dann am Arbeitsmarkt einkaufen kann. Heute ist es notwendig, sehr früh mit den Hochschulen in

Kooperation einzutreten und so aktiv Mitarbeiter ausbilden zu lassen. Wenn sie dann im Unternehmen sind, ist es entscheidend, dass sie eine Umgebung vorfinden, in der sie sich mit dem neuen Thema wohlfühlen. Dieser Aspekt ist ganz wichtig: Wer als „Exot" in ein bestehendes Team kommt, das thematisch und emotional keinen Bezug zu KI hat, wird sich auf Dauer kaum wohlfühlen. Gerade sehr spezialisierte Fachleute brauchen ein Umfeld, das inhaltlich auf Augenhöhe und mit derselben Motivation arbeitet. Und damit sind wir wieder bei der Qualifikation der eigenen Mitarbeiter.

Teil 3: Anwendungsszenarien

Wenn sich ein Unternehmen mit den Möglichkeiten von Künstlicher Intelligenz befasst, bekommt das vielschichtige Zukunftsthema schnell klare Konturen – denn die Einsatzgebiete sind sehr konkret: KI wird zum Beispiel angewendet, um Probleme an Anlagen oder bei Produkten schneller zu erkennen und zu beheben, um Ressourcen einzusparen, um Anlagen zu optimieren und um individuellere Produkte anbieten zu können.

Anhand der folgenden Szenarien werden in diesem Kapitel konkrete Einsatzmöglichkeiten von Künstlicher Intelligenz gezeigt:

Datenbasierte Überwachung	
Anomalieerkennung	Künstliche Intelligenz kann eingesetzt werden, um den bevorstehenden Ausfall einer Anlagenkomponente rechtzeitig zu erkennen.
Zeitanalyse	Künstliche Intelligenz kann Unregelmäßigkeiten an einer Anlage vorhersagen, indem Veränderungen von Zeitspannen zwischen Prozessschritten genau analysiert werden.
Überwachung der Produktqualität	Künstliche Intelligenz kann eingesetzt werden, um die Qualität eines Produkts bereits während der Herstellung zu überwachen und Unregelmäßigkeiten frühzeitig zu erkennen.
Individualisierung	Künstliche Intelligenz kann Unternehmen dabei unterstützen, ihren Kunden individuelle Produkte anzubieten – bis Losgröße 1.
Diagnose von Fehlerursachen	
Diagnose	Künstliche Intelligenz kann bei der Identifikation von Fehlerursachen an einer Anlage helfen.
Alarmreduktion	Künstliche Intelligenz kann dabei helfen, Alarme sofort richtig einzuordnen und die passenden Schlüsse daraus zu ziehen.
Anlagenkonfiguration und Optimierung	
Ressourcenoptimierung	Künstliche Intelligenz kann dazu beitragen, dass in der Produktion möglichst wenig Ressourcen wie Strom und Gas, Kälte und Wärme, Druckluft und Wasser verbraucht werden.
Optimierung der Produktqualität	Künstliche Intelligenz kann zur Überwachung und Optimierung der Produktqualität beitragen, indem verschiedene Parameter wie Rohstoffqualität, Produktionsvorgänge und Produkteigenschaften automatisch in Beziehung zueinander gebracht werden.
Optimierung der Anlageneffizienz	Künstliche Intelligenz kann Anlagen so konfigurieren, dass sie effizienter arbeiten.
Automatische Anlagenadaption und Rekonfiguration	Künstliche Intelligenz kann dabei helfen, eine Anlage neu zu konfigurieren – etwa wenn Einstellungen geändert oder neue Komponenten integriert werden.
Optimierung der Logistikkette	Künstliche Intelligenz kann Logistikketten analysieren und Verbesserungen vorschlagen.

Noch ein Hinweis: Die Unterteilung in die drei Anwendungsgebiete „Datenbasierte Überwachung“, „Diagnose“ sowie „Anlagenkonfiguration und Optimierung“ dient der Übersicht und ist nicht immer ganz trennscharf – es kommt durchaus vor, dass ein Beispiel mehrere dieser Bereiche betrifft.

Anwendungsgebiet: Datenbasierte Überwachung

Anwendungsszenario: Anomalienerkennung

Künstliche Intelligenz kann eingesetzt werden, um den bevorstehenden Ausfall einer Anlagenkomponente rechtzeitig zu erkennen – mit Hilfe von Anomalieverfahren, von Condition Monitoring und von Predictive Maintenance.

Das Szenario

Eine Fabrik füllt Getränke in Plastikflaschen ab, die im Anschluss mit einer Folie zu Sechserpacks zusammengefügt werden. Die Folie wird vor dem Verpacken durch ein scharfes Messer, das elektronisch gesteuert wird, geschnitten – dies geschieht im Bruchteil einer Sekunde. Wenn das Messer allerdings nicht mehr scharf genug ist, schneidet es nicht präzise. Die Folge: Die Folie verzieht sich, ist nicht mehr zu gebrauchen. Die Anlage muss angehalten werden, um die Folie wieder richtig einzulegen und das Messer auszutauschen.

Vorher

Eine Sensorik, um den Schärfegrad eines Messers direkt zu erfassen, existiert nicht. Um einen Anlagenstillstand zu vermeiden, wurde das Messer deshalb vorsichtshalber in regelmäßigen Abständen ausgetauscht. Allen Beteiligten war klar, dass dieser Instandhaltungsrhythmus zwar gut planbar und relativ sicher war, dass jedoch das Messer häufig zu früh ausgetauscht wurde. Damit lagen die Kosten deutlich höher, als es tatsächlich nötig gewesen wäre.

Nachher

Eine Software warnt die Mitarbeiter, wenn die Anlage erste Anzeichen zeigt, dass das Messer nicht mehr präzise schneidet – unabhängig davon, wann es das letzte Mal ausgetauscht wurde. Grundlage dafür ist das sogenannte Condition Monitoring, eine permanente Zustandsüberwachung. Einen Schritt weiter geht Predictive Maintenance: Das System prognostiziert den zu erwartenden Zeitpunkt eines Ausfalls – die Mitarbeiter werden informiert, dass eine Komponente in Kürze ausfallen wird. In der Folge findet der Austausch zielgerichtet und damit seltener statt als zuvor, so werden im konkreten Fall Messer und Kosten eingespart. Zugleich ist ein Anlagenstillstand durch verzogene Folie so gut wie ausgeschlossen.

Die Methode im Überblick

Für jeden Anlagenbetreiber ist es wünschenswert, dass bestimmte Komponenten genau zum richtigen Zeitpunkt ausgetauscht werden – nicht aus Vorsicht zu früh, aber auch nicht so spät, dass das Risiko eines Ausfalls signifikant wird. Methode der Wahl ist Predictive Maintenance, die vorausschauende Wartung. Ermöglicht wird sie durch Condition Monitoring, die kontinuierliche Zustandsüberwachung der Anlage, die in diesem Fall auf der Grundlage von Daten erfolgt.

Grundidee ist, dass permanent verschiedene Daten der Komponente – etwa Vibration, Geschwindigkeit und Energieverbrauch – erhoben und ausgewertet werden. In der Regel sind solche Daten ohnehin bereits vorhanden, werden aber nicht genutzt. Nur in Ausnahmefällen ist es notwendig, neue Sensoren zu installieren, um zusätzliche Daten zu generieren.

Eine Software, die speziell für die Anlage entworfen wird, analysiert die Daten permanent. Es muss zuvor hinterlegt werden, welches Maschinenverhalten als „normal" definiert wird, also beispielsweise bei welcher Kombination aus Vibration und Geschwindigkeit die Anlage reibungslos läuft und wie groß die Toleranzwerte bei den einzelnen Messdaten sind. Ebenfalls definiert ist, welche Veränderungen der Werte nicht mehr als „normal" gelten und wann sich ein Ausfall ankündigt. Steigt beispielsweise der Energieverbrauch um mehr als zehn Prozent und nimmt die Vibration gleichzeitig um 20 Prozent ab, so kann dies als „Anomalie" definiert werden, bei der umgehend eine Warnung ausgelöst wird. Damit bleibt den Mitarbeitern genügend Zeit zum Handeln. In der Praxis hat sich gezeigt, dass – wenn die Basis der erhobenen Daten groß genug ist –, ein Ausfall genau vorhergesagt werden kann.

Für Fortgeschrittene

Eine vorausschauende Wartung mit Hilfe der Zustandsüberwachung mit Datenauswertung eignet sich vor allem auch für Anlagen, in denen keine neuen Sensoren angebracht, aber in denen auf andere Weise bereits Daten wie Leistungsaufnahme oder Zeitdauern erfasst werden können. Beispiele für Anwendungsmöglichkeiten sind verfahrenstechnische Systeme, die Lebensmittelproduktion, die Verarbeitung von Schüttgütern und die diskrete Fertigungstechnik.

Die Auswertung der Daten erfolgt mit Methoden aus dem Bereich des Maschinellen Lernens. Typische Methoden zur Umsetzung von Condition-Monitoring- und Predictive-Maintenance-Ansätzen sind Neuronale Netze, Selbst-Organisierende Karten, Zeitreihenanalysen und statistische Ansätze wie Gaußprozesse. Hierbei gibt es nicht das eine „Kochrezept" zur Umsetzung, vielmehr muss ein Experte manuell verschiedene Verfahren mit unterschiedlichen Einstellungen testen – es ist hier nicht ausreichend, entsprechende Software-Werkzeuge einzukaufen und sich in diese einzuarbeiten.

Unternehmen aus dem Anlagenbau

In Bezug auf die Lösungswege muss man unterscheiden, welche Art von Unternehmen an der Umsetzung beteiligt sind: Kommt ein Unternehmen aus dem Anlagen- und Maschinenbau, so generiert es in der Regel selbst keine Daten, kann seinen Kunden – den Produktionsunternehmen – aber die Möglichkeit zur Datenerhebung und -analyse bereitstellen. So bietet es sich heutzutage an, dass ein Anlagenbauer die Basisdaten für Condition Monitoring und Predictive Maintenance direkt als neues Feature anbietet. Die Kunden, in der Regel Produktionsunternehmen, bekommen dann zusammen mit den Maschinen über Schnittstellen wie OPC UA Zustandsinformationen und berechnete optimale Wartungsintervalle. Dies kann bis zum automatischen Anstoßen von Wartungsschritten gehen.

Produktionsunternehmen

Handelt es sich um ein Produktionsunternehmen wie den Flaschenabfüller, so hat es drei Möglichkeiten. Erstens kann es möglicherweise Werkzeuge für Condition Monitoring oder Predictive Maintenance der beteiligten Maschinenbauer einkaufen. Der Nachteil dieses Ansatzes ist allerdings, dass ein Produktionsunternehmen in der Regel mit verschiedenen Maschinenbauern zu tun hat, die jeweils ihre eigenen Werkzeuge anbieten. So kann es sein, dass das Unternehmen am Ende mit einer Vielzahl unterschiedlicher und inkompatibler Werkzeuge zu tun hat und zudem oft hohe Lizenzkosten zahlen muss.

Zweitens kann das Produktionsunternehmen eigene Werkzeuge zur Anomalienerkennung in der gesamten Fabrik einsetzen, dazu beauftragt es im Allgemeinen einen Softwarelieferanten. Dies ist mit Integrations- und späteren Anpassungskosten verbunden: Auch ein Softwarelieferant greift zwar auf vorgefertigte Lösungen zurück, muss aber immer system- und datenabhängig größere Anpassungen vornehmen. Die dritte Möglichkeit für das Unternehmen ist, eigenes Personal vor Ort aufzubauen.

Voraussetzungen

Wichtigste technische Voraussetzung für die Anomalienerkennung ist die Datenqualität – und zwar die Erreichbarkeit der Daten, die Genauigkeit von Zeitstempeln sowie die Zuordnung von Daten und Informationen. Die wichtigsten Sensordaten müssen verfügbar sein – das bedeutet, dass ein externes Softwarewerkzeug die Daten erreichen kann. Dafür sind Schnittstellen wie OPC UA gut geeignet, während ein Signal auf dem Bus oder gar in der Steuerung nur schwer ohne Systemänderungen erreichbar ist. Eine weitere Voraussetzung ist ein genauer Zeitstempel der Signale: Jedes Signal muss wissen, wann es produziert wurde. Das bedeutet, dass innerhalb der Software erfasst werden muss, wann eine bestimmte Temperatur oder eine Vibration gemessen wurde. Wichtig ist, dass die Uhren aller Datenerfassungsgeräte der gesamten Anlage synchron sind, dies erfolgt in der Regel durch die Unterstützung von Protokollen wie dem Precision Time Protocol (PTP).

Außerdem müssen den einzelnen Daten sinnvolle Informationen zugeordnet werden, so sollte immer vermerkt sein, von welchem Sensor Daten stammen und in welchem Zustand das Produktionssystem war. Das bedeutet, dass die Daten ein einheitliches Semantikmodell benötigen. Für viele Produktionsprozesse ist es auch entscheidend, dass sich die aufgenommenen Sensordaten mit der Charge, also dem jeweils produzierten Gut und dessen Rohstoffen, assoziieren lassen. Nur so können Abhängigkeiten zwischen Rohstoffen, Produktqualität und Prozesszustand ermittelt werden – etwa bei welcher Charge eine Anomalie aufgetreten ist.

Anwendungsszenario: Ressourcenüberwachung und Optimierung

Künstliche Intelligenz kann dazu beitragen, dass in der Produktion möglichst wenig Ressourcen wie Strom und Gas, Kälte und Wärme, Druckluft und Wasser verbraucht werden.

Das Szenario

Ein Unternehmen produziert Waschmaschinen, dazu werden vor allem Strom, Druckluft und Wasser benötigt. Der Strom wird im gesamten Produktionsprozess verbraucht, etwa beim Erhitzen der Teile, um sie in Form zu bringen, und beim Abkühlen. Druckluft wird beispielsweise für Bewegungsvorgänge eingesetzt, Wasser ist unter anderem für Waschprozesse nötig.

Vorher

Durch Abrechnungen am Ende des Monats kennt das Unternehmen seinen gesamten Energieverbrauch. Wie viele Ressourcen an welcher Stelle und zu welcher Zeit eingesetzt werden, darüber erhebt es allerdings keine Zahlen – so ist beispielsweise nicht bekannt, wann besonders viel Strom verbraucht wird, welche Produkte welche Ressourcen benötigen oder ob es Unregelmäßigkeiten beim Einsatz etwa von Druckluft gibt. Das Unternehmen versucht zwar immer wieder, Strom und andere Ressourcen einzusparen, verlässt sich dabei aber in der Regel auf Trial-and-Error-Verfahren, also auf praktische Tests durch Mitarbeiter.

Nachher

Eine Software wertet den Ressourcenverbrauch jedes einzelnen Teilsystems der Fabrik aus. So wird angezeigt, welche Menge Strom, Druckluft und Wasser an einem bestimmten Tag oder während einer einzelnen Produktion verbraucht wird. Anhand von grafischen Aufarbeitungen lassen sich Verbrauchskurven ablesen, Produkte in Bezug auf ihre Ressourcenbilanz analysieren und Unregelmäßigkeiten schnell erkennen.

Und mehr noch: Die Verbrauchsdaten sind innerhalb der Software verknüpft mit Einflussfaktoren wie Produkten, Rohstoffen und Anlagenkonfigurationen. Wird ein ungewöhnlicher Spitzenverbrauch an einer einzelnen Maschine festgestellt, so kann direkt innerhalb der Software ermittelt werden, welches Produkt aus welchen Rohstoffen zu diesem Zeitpunkt produziert wurde und wie die Anlage eingestellt war. Basierend auf diesen Analysen werden Mitarbeiter informiert, die dann gezielt Optimierungen oder auch Reparaturen an der Anlage vornehmen können, um den Verbrauch zu senken.

In einer zweiten Variante zieht die Software laufend eigene Schlüsse aus den gewonnenen Daten und stellt die Steuerungen der Anlagen immer wieder automatisch so ein, dass Ressourcen eingespart werden. So können Prozesse, die viel Strom verbrauchen, minimal zeitversetzt gesteuert werden, um Lastspitzen zu vermeiden – oder die Produktionsreihenfolge wird geändert, um Anlage und Energie effizienter zu nutzen.

Die Methode im Überblick

Der Ressourcenverbrauch in der Produktion rückt bei Unternehmen immer stärker in den Vordergrund. Zugleich wird zunehmend darauf geachtet, Abwasser und Emissionen einzusparen. Diese Ziele haben einerseits Kostengründe, andererseits zeigt hier auch ein zunehmendes Umweltbewusstsein und eine entsprechende Gesetzgebung Wirkung.

Für die Umsetzung der Ressourcenoptimierung gibt es zwei Varianten: Die einfache beschränkt sich darauf, dass eine Software die Verbrauchsdaten detailliert speichert und analysiert. Die Mitarbeiter können daraus Änderungsmöglichkeiten ableiten und diese umsetzen. Die deutlich aufwändigere Variante: Die Software stellt die Verbrauchsdaten nicht nur zur Verfügung, sondern nimmt Optimierungen an der Steuerung der Anlagen selbstständig vor.

Grundvoraussetzung für beide Varianten ist die Erhebung der Daten, vor allem der Ressourcenverbräuche, durch eine umfassende Ausstattung der Anlagen mit Sensoren. Zudem muss eine Software installiert werden, die sowohl mit den Sensoren als auch mit der Steuerung verbunden ist. So kann beispielsweise bei jeder Maschine kontinuierlich der Stromdurchfluss gemessen werden, ebenso Zustände der Antriebe, Druck- und Temperaturwerte sowie die Positionen der Produkte. Zudem ist es notwendig, Beschreibungen der jeweils produzierten Produktvarianten, Charakteristika der Rohstoffe und die aktuellen Anlagenkonfigurationen zu hinterlegen.

Für Fortgeschrittene

Die einfache Methode

In der einfachen Variante optimiert die KI die Anlage nicht selbst, sondern liefert lediglich Optimierungsvorschläge, die dann von Mitarbeitern umgesetzt werden. Dazu müssen alle Daten – also sowohl die Ressourcenverbräuche als auch die weiteren Einflussfaktoren – in eine einheitliche Software überführt werden; wichtig ist dabei die möglichst kleinteilige Erfassung aller Ressourcenverbräuche. Die Sensordaten aus der Produktion müssen anschließend mit Daten aus ERP- und SCADA-Systemen integriert werden, also beispielsweise mit Aufträgen und Preisinformationen. Dabei ist einerseits die zeitliche Synchronisation der Daten entscheidend, um später zu erkennen, welche Produktionen oder Produktchargen und welcher Rohstoffeinsatz zeitlich mit welchem Ressourcenverbrauch zusammengefallen ist.

Andererseits ist eine semantische Beschreibung der Daten notwendig: Gleiche Daten müssen gleich beschrieben sein – das bedeutet, dass beispielsweise Temperatursensoren immer als solche erkennbar sind und stets mit der gleichen Beschreibung ausgestattet sind. Eine Beschreibung kann zum Beispiel die Art des Sensors, Genauigkeitsangaben und Anbringungsort umfassen. Standards wie OPC UA erlauben die Definition einer solchen semantischen Beschreibung in Informationsmodellen.

Sobald alle Daten gespeichert und in einer gemeinsamen Datenbasis erfasst sind, lassen sich daraus Erkenntnisse gewinnen, die die Grundlage für Optimierungen bilden. So können durch Methoden des Maschinellen Lernens Zusammenhänge zwischen den Ressourcenverbräuchen und anderen Einflussfaktoren ermittelt werden, diese werden in der Regel grafisch dargestellt. Welche Zusammenhänge regelmäßig überprüft werden sollen, kann das Unternehmen selbst bestimmen – so kann zum Beispiel angezeigt werden, welche Produktcharakteristika zu höheren Verbräuchen führen. In der Praxis hat es sich als sinnvoll erwiesen, dass Experten die Auswertungen in regelmäßigen Abständen – zumeist alle ein bis fünf Tage – auswerten und daraus Grundlagen für Optimierungen entwickeln.

Für diese einfache Lösungsmethode existieren auch gute Werkzeuge, die ein Unternehmen am Markt kaufen kann – die Methode kann in der Regel firmenintern durch statistikerfahrene Mitarbeiter umgesetzt werden.

Die aufwändige Methode

Die aufwändige Methode kann beispielsweise in Form von Forschungsprojekten mit Forschungseinrichtungen umgesetzt werden. Sie ist deutlich effektiver, weil die KI nicht nur die Zusammenhänge aus den vorhandenen Daten berechnet und darstellt, sondern automatisch die Anlagenkonfiguration optimiert. Sie zeigt also nicht nur an, dass beispielsweise der Druck an einer Anlage anders eingestellt werden sollte, welche Folgen ein veränderter Temperaturverlauf hätte oder ob veränderte Produktionsreihenfolgen effizienter sind, sondern stellt die Steuerung selbstständig entsprechend ein.

Grundlage ist eine Software mit einem sogenannten extrapolationsfähigen Modell, das den Ressourcenverbrauch für eine Vielzahl von verschiedenen Anlagenkonfigurationen prognostizieren kann und dann die beste, weil effizienteste Konfiguration vorschlägt oder einstellt. Normalerweise wird dieses Modell anhand der Beobachtungen gelernt.

Die Methode stellt sehr hohe Anforderungen an das Lernverfahren. Diese müssen nun Modelle lernen, die nicht nur beobachtete Betriebspunkte korrekt vorhersagen, sondern sie müssen auch Prognosen für neue Betriebspunkte liefern. Normalerweise ist dazu zusätzliches Wissen über das System erforderlich. Sind diese Vorgaben gemacht, spielt das Modell ständig automatisch in Form eines intelligenten Trial-and-Error eine Vielzahl von Varianten durch, um zu jedem Zeitpunkt die besten Konfigurationen zu finden. Dabei kann die KI in kürzester Zeit sehr viel mehr Möglichkeiten durchspielen, als es einem Menschen möglich wäre, und dann auch sofort das mögliche Optimierungspotenzial quantitativ abschätzen.

Trotz vieler neuer maschineller Lernansätze wie Tiefe Künstliche Neuronale Netze (KNN) finden sich in Produktionsanlagen bislang kaum Ansätze dieser automatischen datenbasierten Optimierung. Aktuell ist es zum Beispiel noch nicht möglich, die Sensor- und Aktordaten einer Produktionslinie aufzuzeichnen und daraus ein für die Optimierung geeignetes Modell zu lernen. Hauptproblem dabei ist die unzureichende Extrapolationsfähigkeit der gelernten KNN-Modelle, die Neuronalen Netze bilden außerhalb der beobachteten Betriebspunkte die Wirklichkeit nur unzureichend ab. Warum fehlt den gelernten Modellen in dieser technischen Anwendungsdomäne die Extrapolationsfähigkeit, während in Anwendungsfeldern wie der Bildverarbeitung hervorragende Ergebnisse erzielt werden? Hauptproblem ist die geringe nutzbare Datenmenge. Die Betonung liegt hier auf „nutzbar“: Durch das zumeist zyklische und im Grunde weitgehend deterministische Verhalten der Produktionsmaschinen fallen zwar sehr große Datenmengen an, dabei dominieren aber sich oft wiederholende und daher redundante Datenmuster. Lösung ist hier zumeist die Integration von Vorwissen in die ML-Verfahren, dies bedarf aber zumeist der Unterstützung durch Experten.

Die aufwändige Methode stellt also auch höhere Anforderungen an die Anlagen, weil die KI zur Laufzeit in die Steuerungen eingreift. Dies setzt nicht nur die passenden Steuerungen und eine entsprechende Programmierung voraus, sondern stellt auch sehr hohe Anforderungen an die funktionale Sicherheit und die Abnahmeprozesse der Anlagen. Daher sind hier normalerweise auch externe Sicherheitsexperten einzubinden und juristische Fragen im Vorfeld zu klären.

Anwendungsszenario: Zeitanalyse

Künstliche Intelligenz kann Unregelmäßigkeiten an einer Anlage vorhersagen, indem Veränderungen von Zeitspannen zwischen Prozessschritten genau analysiert werden.

Das Szenario

Eine Anlage produziert Waschmaschinen. Dass einzelne Komponenten der Anlage einem Verschleiß unterliegen, ist bekannt. Deshalb werden bestimmte Teile regelmäßig ausgetauscht – manchmal zu früh, um kein Risiko eines ungeplanten Anlagenstillstands einzugehen.

Vorher

Innerhalb der Anlage werden zwar zu bestimmten Zeitpunkten Daten erfasst – etwa beim Einschalten des Roboters, beim Beginn und Ende eines Pressvorgangs sowie an bestimmten Produktpositionen. Diese Daten werden aber weder gespeichert noch in Beziehung zueinander gesetzt.

Nachher

Über eine neue Software werden Sensordaten, die ohnehin erhoben werden, gespeichert und mit einem Algorithmus ausgewertet. Stellt sich nun heraus, dass die Zeitspanne zwischen dem Beginn und dem Ende eines einzelnen Vorgangs immer kürzer wird, und sei es nur minimal, lässt sich daraus schließen, dass der Verschleiß zunimmt. Verändert sich diese Zeitspanne um ein vorher definiertes Maß, werden Mitarbeiter gewarnt, dass eine Komponente jetzt ausgetauscht werden sollte.

Die Methode im Überblick

Eine Zeitspanne, die sich – wenn auch in für Menschen kaum wahrnehmbarem Maße – nach und nach verlängert, kann auf zunehmenden Verschleiß oder sich ankündigende Fehler hindeuten. Variiert die Dauer eines Vorgangs, kann dies ein Indikator für Verbesserungspotenzial im Produktionsprozess sein. Der Vergleich zwischen Zeitspannen kann damit zur Systemüberwachung und Optimierung genutzt werden.

Durch Verfahren des Maschinellen Lernens können definierte Zeitspannen zwischen zwei Ereignissen genau bestimmt werden. So werden bei der Produktion von weißer Ware – also etwa Herde, Waschmaschinen und Kühlschränke – Daten wie Transportpositionen, Montagezeitpunkte und Leistungsaufnahmen erfasst. Die KI analysiert diese Daten und liefert ein Bild, welche Zeiträume bei typischen wiederkehrenden Operationen als „normal" gelten. Weicht eine Zeitdauer später davon ab, so ist dies zumeist ein Hinweis auf Probleme in der Anlage.

Für Fortgeschrittene

Wie lange dauert die Reaktion einer Chemikalie in einem Reaktor oder ein Schritt in der Automobilproduktion? Ist diese Zeitspanne immer exakt gleich? Verändert sie sich häufig? Oder wird sie immer länger? Wie hängen die Zeiten von Produktcharakteristika ab? Durch das Analysieren und Erlernen von typischen Zeitspannen in der Produktion lassen sich wichtige Aussagen über die Produktion treffen. Um solche Zeitspannen zu analysieren und zu nutzen, müssen sie allerdings bekannt sein – das jedoch ist häufig nicht der Fall. Warum wird dieser kostenlos verfügbare, unsichtbare Faktor „Zeit“ im Rahmen von Optimierungen bislang so wenig genutzt? Verfahren des Maschinellen Lernens können automatisch aus bereits vorhandenen oder einfach zu erhebenden Logistik- und Produktionsdaten relevante Ereignisse herausfiltern, durch die genau definierte Zeitspannen zwischen zwei Ereignissen bestimmt werden können. Der Vergleich dieser Zeitspannen kann zur Systemüberwachung und Optimierung genutzt werden.

Grundsätzliche Idee dieser Methode ist es, zuerst relevante Ereignisse aus den diskreten und den kontinuierlichen Signalen zu extrahieren. Anschließend werden typische Produktionszustände identifiziert. Ein solcher typischer Produktionszustand zeichnet sich dadurch aus, dass ähnliche Sequenzen von Ereignissen von ihm ausgehen. So ist im oben genannten Beispiel ein „Produktionszustand“ eine gleiche Aktivität aller Produktionsmodule und ein gleicher Produktionsauftrag. Ausgehend von einem solchen Produktionszustand sollten immer ähnliche Folgezustände auftreten, das heißt ähnliche Sequenzen von Ereignissen. Ziel des Maschinellen Lernens ist es zum einen, die minimale Anzahl an solchen Produktionszuständen zu ermitteln. Zum anderen sollen die Zeitdauern zwischen den Produktionszuständen und die Übergangswahrscheinlichkeiten ermittelt werden. Ein solches Zeitmodell spiegelt dann das relevante Zeitverhalten der Anlage wider.

Wichtigste Voraussetzung sind genaue und vor allem systemweit synchronisierte Zeitstempel der Sensordaten durch Protokolle, etwa dem Precision Time Protocol (PTP). Zudem müssen die Sensordaten aus der Produktion mit den Produkt- und Rohstoffinformationen aus ERP und SCADA-Ebenen in Beziehung gesetzt werden, denn Zeitinformationen können immer nur im Kontext mit einem konkreten Produktionsauftrag interpretiert werden.

Eine aktuelle Herausforderung sind dabei die Algorithmen zum Erlernen der Zeitspannen. Die Diskretisierung der komplexen Signalverläufe, etwa für die Analyse von Zeitdauern, ist aktuell kein Schwerpunkt im Bereich des Maschinellen Lernens. Dies liegt an einer klassischen Zweiteilung der KI: Auf der einen Seite steht das aktuell sehr prosperierende Thema des Maschinellen Lernens mit Aspekten wie Tiefen Neuronalen Netzen und Big Data. Dieses Methodenspektrum wird auch als „subsymbolische KI“ bezeichnet, da Daten und Ergebnisse oft numerisch und eben nicht symbolisch vorhanden sind. Die „symbolische KI“ auf der anderen Seite beschäftigt sich mit Semantik, Sprache und Wissen, zumeist in Form mathematischer Logikkalküle. Typische Anwendungen sind Diagnose (Ursachenerkennung), Rekonfiguration und Optimierung von Systemen.

Während die subsymbolische KI in den vergangenen Jahren z. B. in Form Tiefer Neuronaler Netze entscheidende Anregungen gegeben hat, spielt sich das menschliche Verständnis etwa von Zeitdauern und Ereignissen auf einer symbolischen Ebene ab. Für eine erfolgreiche Nutzung subsymbolischer KI-Methoden ist der Übergang zwischen Subsymbolik und Symbolik entscheidend. Hier geschieht aktuell noch sehr viel Forschung, so dass es keine standardisierten Methoden gibt. In den vergangenen Jahren sind aber immer mehr Algorithmen entwickelt worden, zum Beispiel mittels Neuronaler Netze oder sogenannter Präfix-Tree-Verfahren, die kontinuierliche Sensordaten und diskrete Steuersignale verwenden und daraus einen sogenannten zeitbehafteten Automaten erlernen. Dieser Automat erfasst wichtige signifikante Anlagenzustände und modelliert Zeitspannen zwischen diesen Zuständen.

Exkurs: Die Qualität von Daten – Zeitstempel und Chargenzuordnung

Jede Datenanalyse setzt eine gute Datenqualität voraus. Gemeint ist damit allerdings nicht nur die Freiheit von Fehlern, die Vollständigkeit, die Verringerung von Rauscheffekten und die Datenintegrität – unabdingbar sind auch genaue Zeitstempel und die Chargenzuordnung.

Zeitstempel

Ein Zeitstempel ordnet einer Messung, also einem Sensorwert, einen eindeutigen Zeitpunkt zu. Ein Beispiel: In der Getränkeproduktion wird bei jeder Messung der Temperatur oder des Durchflusses der exakte Zeitpunkt der Messung erfasst. So können später verschiedene Messungen untereinander abgeglichen und dem jeweiligen Produkt zugeordnet werden: Es ist genau nachvollziehbar, wie zu einem bestimmten Zeitpunkt der Zusammenhang zwischen Temperatur und späterem Produkt war. Auf diese Weise können im Vergleich von vielen Daten Anomalien festgestellt und genau datiert werden, auch die Analyse von Einschränkungen der Produktqualität im Nachhinein ist damit möglich.

Dabei ist es wichtig, dass eine Software die Zeit möglichst nahe am Sensor misst und speichert, sprich, den Zeitstempel vergibt: Relevant ist der Zeitpunkt der Datengewinnung, nicht der der Datenspeicherung. Wird die Zeit beispielsweise erst beim Eintrag in eine nachgelagerte Datenbank festgehalten, kann das zu einer – wenn auch oft minimalen – Verzögerung führen. Die tatsächliche Zeit des Prozesses und der Zeitstempel stimmen dann nicht mehr genau überein, dies wiederum erschwert die Datenanalyse. Die notwendige Genauigkeit der Zeitstempel ist prozessabhängig: Für einen zweistündigen chemischen Prozess dürfte eine Auflösung von Minuten reichen, während ein Robotersystem eine Genauigkeit im Millisekunden-Bereich erfordert.

Des Weiteren ist es wichtig, dass alle Geräte, in denen Zeitstempel vergeben werden, zeitsynchron arbeiten. Dies kann durch Protokolle wie beispielsweise dem Precision Time Protocol (PTP) gewährleistet werden. Sind die Zeitstempel nicht synchron, könnte es passieren, dass zwei Sensoren in einem Prozess in der Getränkeproduktion zwar zur gleichen Zeit die Temperatur erfassen, diese aber in der Analyse nicht aufeinander bezogen werden, weil sie scheinbar zu verschiedenen Zeitpunkten erfasst wurden.

Zeitstempel werden auch benötigt, um Sensordaten dem jeweils produzierten Produkt oder der Produktcharge zuzuordnen, deshalb sollte bei jedem Zeitstempel zugleich vermerkt werden, von welchem Sensor er stammt und in welchem Zustand das Produktionssystem in dem Moment war. Dies kann dazu dienen, aus den Sensordaten mögliche Qualitätsminderungen zu erkennen oder Abhängigkeiten zwischen Rohstoffen und der Konfiguration der Produktionsanlagen zu ermitteln.

Chargenzuordnung

Für die Analyse von Daten spielt die Chargenzuordnung ebenfalls eine wichtige Rolle. In der Getränkeproduktion heißt das zum Beispiel, dass die Daten aus der Produktion dem jeweils produzierten Getränk zugeordnet werden können – es ist also bekannt, welche Sensordaten zu einer Getränkecharge gehören, welche Rohstoffe jeweils verwendet wurden und welche abgefüllten Flaschen daraus entstanden sind. Dies ist aufgrund der heterogenen IT-Systeme schwieriger, als es klingt: Aufträge, Rohstoffe und fertige Produkte werden in den ERP-Systemen verwaltet, Warnungen in den SCADA-Systemen und Sensordaten liegen in verschiedenen Steuerungen verteilt vor. Um die Chargenzuordnung dennoch zu ermöglichen, müssen die IT-Systeme miteinander verbunden werden, sodass sie Daten austauschen können. Die Zuordnung der Daten, also zum Beispiel der Sensordaten zur jeweiligen Produktionscharge, erfolgt dann oft über den Zeitpunkt, also über die oben erwähnten Zeitstempel. Zusätzlich sollte bekannt sein, wann welcher Produktionsdurchlauf startet und endet sowie wie Verweildauern von Rohstoffen und Zwischenprodukten in der Produktion sind.

Ohne diesen Chargenabgleich lassen sich keine Auswirkungen von Anlagenkonfigurationen auf die Produkte oder die Produktionseffizienz analysieren, forensische Analysen etwa aus Haftungsgründen sind kaum möglich und viele Optierungsvorgänge lassen sich nicht datenorientiert umsetzen. Entscheidend ist, Daten nicht als „Abfallprodukt“ der Automation zu verstehen, sondern als Grundlage zukünftiger Optimierungen und neuer Produkte, und eine Strategie zur Sicherung der Datenqualität zu entwickeln. Dazu ist es aber notwendig, zunächst mögliche Nutzungen der Daten zu klären – etwa im Rahmen einer firmenweiten KI-Strategie.

Exkurs: Der Digitale Zwilling – Tests in der Theorie

Digitale Zwillinge spielen in der Künstlichen Intelligenz eine wichtige Rolle. Es handelt sich dabei um Abbilder von realen Systemen in einer Software, die Eigenschaften und vor allem das Verhalten der Systeme vorhersagen und Lösungsstrategien für neue Probleme ermöglichen.

Eines vorab: Die Unterschiede zwischen den Begriffen Digitaler Zwilling, Modell und Simulation sind fließend. Prägend für den Begriff ist der Zweck des Digitalen Zwillings: Er sammelt während des gesamten Lebenszyklus′ alle Informationen über ein reales System – also etwa einer Anlage – und nutzt sie, um Eigenschaften und Verhalten des Systems vorherzusagen.

Beispiel: Bierproduktion

An einer Anlage wird Bier produziert. Dabei können Digitale Zwillinge sowohl für einzelne Maschinenelemente – etwa den Maischbottich – als auch für sämtliche Produkte und Zwischenprodukte entwickelt werden. Damit lassen sich ganz unterschiedliche Fragen simulieren:

- Wie wirkt es sich auf den Energieverbrauch aus, wenn man die Temperatur an der Anlage etwas reduziert und zugleich den Durchsatz erhöht?
- Wie wird sich das auf das fertige Produkt auswirken?
- Welche Veränderungen ergeben sich daraus an anderer Stelle?
- Was passiert im Ganzen, wenn man einzelne Parameter einer Anlage – also eines Systems – verändert?

Zuerst in der Theorie testen

Aus Produktions- und Qualitätsgründen ist es im täglichen Betrieb in der Regel nicht möglich, solche Wenn-dann-Fragen an der Anlage selbst auszuprobieren. Um trotzdem zu belastbaren Antworten zu kommen, wird immer häufiger ein Modell für den Computer entwickelt, das die Anlage so präzise wie möglich abbildet – eben der „Digitale Zwilling". An diesem Zwilling können verschiedene Zustände so lange simuliert werden, bis das Optimum gefunden ist. Erst dann werden die Einstellungen auf die Anlage übertragen.

Menschliche Lösungsstrategien als Vorbild

Dabei imitiert dieser Ansatz menschliche Problemlösungsstrategien: Indem wir Menschen uns ein kognitives Bild unserer Umgebung machen, können wir Lösungsstrategien entwickeln, mit denen wir die Auswirkungen möglicher Handlungsoptionen vorhersehen. Analog dazu sollen KI-Verfahren den Digitalen Zwilling nutzen, um durch eine Verhaltensprognose Lösungsstrategien für neue Probleme zu entwickeln.

Verschiedene Modelle

Wie ein solcher Digitaler Zwilling aussieht und wie er beschaffen ist, kommt auf die Anwendung an – in der Regel handelt es sich um eine mathematische Gleichung oder um Informationen über Hersteller und Formfaktoren, in manchen Fällen auch um ein 3D-Modell.

Bei der Entwicklung des Modells ist die Grundfrage: Welche sind die relevanten Eigenschaften, für die es eingesetzt werden soll? Wenn die Frage ist, wie etwas räumlich liegt – also beispielsweise, wie verschiedene Roboter optimal angeordnet werden sollten, um Platz zu sparen, aber sich gegenseitig nicht zu behindern –, kann ein grafisches 3D-Modell sinnvoll sein. Wenn man aber etwa wissen möchte, wie ein Förderband optimal eingestellt wird, um Energie zu sparen, dann kommt eher eine mathematische Gleichung in Frage.

Der Digitale Zwilling im Einsatz in der Praxis

Digitale Zwillinge gibt es nicht „von der Stange", sie müssen für jede Anlage und für jede Fragestellung eigens entwickelt werden. Der Grund: Ein Unternehmen muss für sich selbst und bezogen auf die konkrete Anlage und den konkreten Produktionsprozess definieren, welche Fragen das Modell beantworten soll. Welche Parameter sind relevant? Welche Ober- und Untergrenzen für die einzelnen Werte müssen bei der Simulation am digitalen Modell eingehalten werden?

Gesamten Lebenszyklus betrachten

Anders als frühere Ansätze zur Modellierung oder Simulation handelt es sich hier um einen ganzheitlichen Ansatz: Der Digitale Zwilling soll nicht nur für einen einzelnen Zweck verwendet werden, sondern dient als Grundlage für verschiedenste neue Funktionalitäten. Einen Digitalen Zwilling für eine komplexe Anlage zu entwickeln ist eine Aufgabe, die in der Regel externe Experten übernehmen. Diese können und sollten internes Personal schulen – denn es ist entscheidend für den Erfolg des Modells, dass es über den gesamten Lebenszyklus der Anlage aktuell gehalten wird. Aus der Engineeringkette wird Vorwissen zu Systemstrukturen übernommen, beispielsweise aus R&I-Diagrammen, Automationsprogrammen, Sensorik/Aktorik oder bereits vorhandenen Simulationsmodellen einzelner Komponenten. Während des Betriebs werden Daten benutzt, um die Informationen im Digitalen Zwilling und die Verhaltensprognosen an die Realität anzupassen. Kurz: Jede noch so kleine Änderung an der Anlage muss auf den Digitalen Zwilling übertragen werden, damit die Voraussagen jederzeit präzise bleiben, ebenso langsamer Verschleiß und der Austausch von Teilen.

Anwendungsszenario: Überwachung der Produktqualität

Künstliche Intelligenz kann eingesetzt werden, um die Qualität eines Produkts bereits während der Herstellung zu überwachen und Unregelmäßigkeiten frühzeitig zu erkennen.

Das Beispiel

In einer Anlage wird Fruchtsaft produziert. Viele relevante Eigenschaften des Safts können allerdings nicht direkt während der Produktion gemessen werden – so werden Qualitätsprobleme erst sehr spät erkannt.

Vorher

Der Fruchtsaft wird produziert, im Anschluss werden Proben beispielsweise im Labor untersucht. Wird dort festgestellt, dass eine Charge des Safts mangelhaft ist, ist möglicherweise eine Teilproduktion nicht mehr zu gebrauchen und muss vernichtet werden.

Nachher

Sensoren überwachen permanent den Zustand des Produktionsprozesses, also Eigenschaften des Safts und seiner Rohstoffe – etwa die Temperatur, die Mengen, den Durchsatz, die Zusammensetzung sowie Eigenschaften der Anlagen wie zum Beispiel Leistungsaufnahmen und Steuersignale. Alle Daten werden sofort in den Digitalen Zwilling des Fruchtsafts übertragen, dort werden Sensorsignale und Produktinformationen in Beziehung zueinander gesetzt. Es werden also messbare und bekannte Größen wie Sensorsignale, Zeiten und Rohstoffcharakteristika genutzt, um schwer messbare Größen – hier vor allem Qualitätsparameter des Fruchtsafts – abzuschätzen. Ergibt sich aus den aktuellen Daten, dass bei bestimmten Parametern Grenzwerte überschritten wurden, wird eine Fehlermeldung generiert. Daraus ist erstens in Echtzeit zu erkennen, dass unter Umständen ein Problem beim Produkt vorliegt. Zweitens kann die Unregelmäßigkeit direkt lokalisiert und damit schneller behoben werden.

Die Methode im Überblick

Ein KI-System hält ständig einen Digitalen Zwilling, also ein virtuelles Abbild der realen Produkte und Zwischenprodukte, vor. Sie entstehen durch die Auswertung von Sensordaten durch KI- und ML-Methoden, kombiniert mit Informationen über Rohstoffe und Produktionsprozesse. Dieser Digitale Zwilling erlaubt die Vorhersage von Produkteigenschaften, die in der Realität nur schwierig oder gar nicht zu ermitteln sind. Man kann sagen: An einem Digitalen Zwilling lassen sich virtuelle, in der Realität schwer umsetzbare Messungen vornehmen. Diese Vorhersagen sind zwar oft unsicherer als reale Messungen, erlauben aber eine frühe Warnung bei Qualitätsproblemen.

Solche Digitalen Zwillinge können in vielen Bereichen eingesetzt werden, in denen man derzeit oft noch beispielsweise aufwändige End-of-Line-Tests oder Labortests verwendet, etwa nach dem Ende der Produktion zur Analyse von Eigenschaften von Lebensmitteln. Zudem können Digitale Zwillinge eingesetzt werden, um mechanische Eigenschaften von

Produkten zu prognostizieren – etwa von Metallen in Walzwerken, die sonst nicht zerstörungsfrei gemessen werden können. Bei den herkömmlichen Methoden fallen hohe Entwicklungskosten an, und oft ergibt sich ein Zeitverzug zwischen Produktion und Überwachungsergebnissen.

Für Fortgeschrittene

Wichtige Voraussetzung für den Einsatz eines Digitalen Zwillings zur Überwachung der Produktqualität ist zunächst eine Formalisierung der Rohstoffe und des Produktionsprozesses. Hierbei kann zum Teil Maschinelles Lernen verwendet werden, meistens müssen aber Experten entsprechende Modelle erstellen oder diese Modelle lassen sich aus der Engineeringkette übernehmen. Prozessmodelle beschreiben dabei, welche Prozessschritte es gibt, welche Eingaben und Ausgaben jeder Schritt hat und wie die einzelnen Schritte zusammenhängen und so den Gesamtproduktionsprozess ergeben.

Produktionsschritte überführen also ein anfängliches Zwischenprodukt in ein nächstes Zwischenprodukt. Oft werden neben diesen Zwischenprodukten auch Ressourcenverbräuche und notwendige Informationen bei den Prozessschritten notiert. Für solche Prozessbeschreibungen existieren teilweise Standards wie die VDI/VDE-Richtlinie 3682.

Da Prozessmodelle viel A-priori-Wissen der jeweiligen Experten voraussetzen, werden die Modelle innerhalb der einzelnen Prozessschritte oft mit Maschinellem Lernen ermittelt. Für Materialien können so zum Beispiel die Zusammenhänge zwischen Verformung und Spannung gelernt werden, in chemischen Anlagen zum Beispiel die Zusammenhänge zwischen Rohstoffcharakteristika, chemischem Prozess und Endproduktcharakeristika wie die Viskosität. Für das Lernen solcher Zusammenhänge kommen statistische Methoden und zunehmend auch Neuronale Netze zum Einsatz.

Wichtig ist hier, dass solche Modelle oft Zeitreihen mehrerer abhängiger Variablen beschreiben, zum Beispiel für Materialanalysen, Spannung, Verformung, Druck, Temperatur. Das heißt, diese Charakteristika entwickeln sich über der Zeit und oft existieren Abhängigkeiten zu anderen beschreibenden Variablen und zur Datenvergangenheit. Maschinelle Lernverfahren für Zeitreihen basieren auf entsprechend angepassten Lernverfahren, oft Neuronalen Netzen. Hier sollte eine sorgfältige Auswahl der Verfahren erfolgen.

Im letzten Schritt müssen diese Modelle im Betrieb mit Daten gefüttert werden, es muss also eine ständige Synchronisierung zwischen dem Modell – dem Digitalem Zwilling – und dem Produktionsprozess erfolgen. Hier bedarf es eines Konzepts zur Integration in die Automationssysteme. Da diese Modelle während des Prüfprozesses eingesetzt werden, ist die Absicherung der Modelle ein zentraler Schritt.

Anwendungsszenario: Individualisierung

Künstliche Intelligenz kann Unternehmen dabei unterstützen, ihren Kunden individuelle Produkte anzubieten – bis Losgröße 1.

Das Szenario

Ein Unternehmen stellt Tiefkühlpizza her. Da es mittlerweile im Trend ist, den Kunden individualisierte Produkte oder individuelle Varianten anzubieten, würde das Unternehmen gerne künftig in seinen Online-Shop einen Pizza-Generator einbauen: Der Kunde kann individuell zwischen drei verschiedenen Pizzaböden und zwölf Belägen wählen, dazu gibt es eine laktosefreie und eine vegane Variante. Insgesamt wären so mehrere hundert Varianten möglich, von denen einige voraussichtlich sehr häufig, andere nur selten nachgefragt würden.

Vorher

Jedes Mal, wenn eine neue Variante der Pizza hergestellt werden soll, steht die Anlage eine Zeitlang still: Die neue Konfiguration muss nicht nur eingerichtet, es müssen auch alle anderen Anlagenkomponenten neu programmiert werden. Aus diesem Grund hat das Unternehmen bisher davon abgesehen, allzu viele Varianten der Pizza anzubieten, und bleibt zunächst bei vier verschiedenen Sorten.

Nachher

Die Anlage ist mit Künstlicher Intelligenz so ausgestattet, dass sie jede neue Einstellung und Komponente selbst erkennt und die Konfigurationen automatisch vornimmt. Ein Anlagenstillstand ist deshalb auch bei häufigen Veränderungen nicht mehr nötig.

Die Methode im Überblick

Die Künstliche Intelligenz bietet Konzepte, um Anlagen schneller an neue Produkte und Anlagenänderungen anzupassen, und zwar auf Grundlage von Planungs- und Optimierungsalgorithmen. Dazu benötigt die KI Informationen zu allen Ressourcen und Modulen der Anlage. Auf diese Weise kann die Industrie bei Bedarf maßgeschneiderte Lösungen bis zu Losgröße 1 entwerfen und produzieren, indem lediglich die Beschreibung des gewünschten Produkts vorgegeben wird.

Für Fortgeschrittene

Während häufig über adaptive Produktion gesprochen wird, sind aus mechatronischer Sicht heute kaum Produktionsanlagen anpassungsfähig. Und auch die Software ist nicht adaptiv: Sie kann nur auf Produkt- und Anlagenänderungen reagieren, die zum Zeitpunkt der Entwicklung vorgesehen waren. Das heißt: Eine automatische Anpassung an neue Situationen ist nicht möglich.

Mit Hilfe von KI gelingt es, Anlagen automatisch immer wieder neu zu konfigurieren, um individuelle Produkte bis hin zur Einzelanfertigung herzustellen. Dabei sind zwei

Fälle zu unterscheiden: Parameteroptimierung und Strukturänderungen. Bei der Parameteroptimierung bleiben Anlagenstruktur und Anlagenverschaltung gleich, es werden nur Parameter in den Steuerungen angepasst. Hierbei können Optimierungsalgorithmen, wie sie in den Optimierungsbeispielen dieses Buchs beschrieben sind, eingesetzt werden, um nach der Wahl eines neuen Produkts alle Parameter erneut neu einzustellen.

Strukturänderungen: In seltenen Fällen sind Änderungen der Anlagenstruktur und Verschaltung notwendig. Diese Methoden sind in den Beispielen „Adaption“ und „Rekonfiguration“ beschrieben.

Anwendungsgebiet: Diagnose von Fehlerursachen

Anwendungsszenario: Diagnose

Künstliche Intelligenz kann bei der Identifikation von Fehlerursachen an einer Anlage helfen.

Das Szenario

In einer Anlage werden Sprühdosen mit Lack hergestellt und abgefüllt. Es kommt wiederkehrend vor, dass an einem bestimmten Anlagenteil bei der Abfüllung des Lacks eine Anomalie verzeichnet und Alarm ausgelöst wird. Eine Ursache am besagten Teil kann nicht gefunden werden.

Vorher

Die Anlagenbediener erkennen mit Hilfe eines SCADA-Systems, welcher Teil der Anlage den Fehler meldet. Er versucht auf Grundlage seines Erfahrungswissens und im Trial-and-Error-Verfahren, die Fehlerursache zu finden, um möglichst schnell eine Reparaturmaßnahme anzustoßen. Am Ende stellt er fest, dass die Ursache bereits deutlich vor der Abfüll-Anlage zu finden war. Ursachensuche und anschließende Reparatur haben viel Zeit in Anspruch genommen, die lange Stillstandszeit verursacht signifikante Kosten.

Nachher

Ein Diagnosesystem analysiert die Fehlermeldung und bezieht dabei Anlagenkausalitäten, Systemstrukturen und Expertenwissen mit ein. Dutzende von Werten werden analysiert und in Beziehung zueinander gesetzt. Dabei stellt sich heraus, dass ein Druck vor jedem Alarm leicht erhöht war. Aus den ausgewerteten Daten kann geschlossen werden, dass die Ursache der Anomalie bereits bei der Zuführung der Lacke zu finden ist, also deutlich vor der Abfüllung und der Alarmmeldung. Darüber hinaus liefert das System direkt einen Reparaturvorschlag, sodass nur wenig Zeit zur Ursachenbehebung notwendig ist.

Die Methode im Überblick

Wenn an einer Anlage viele Sensoren verbaut sind, wie es heute zunehmend üblich ist, werden durch Condition-Monitoring- und Anomalieerkennungssysteme Probleme frühzeitig erkannt und als Alarm gemeldet. Allerdings ist der Zusammenhang zwischen einem Symptom und der Fehlerursache oft schwierig zu ermitteln – dies ist auf die zunehmende Anlagenkomplexität zurückzuführen: Die Anlagen werden immer größer, bestehen aus vielen Teilmodulen und zeichnen sich durch einen zunehmend hohen Vernetzungs- und Automationsgrad aus. Oft bedingt ein Fehler früh im Produktionsprozess Folgefehler und führt erst viel später zu Symptomen und Alarmen – eine Fehlerursache kann sich durch die Gesamtanlage fortpflanzen und zu Symptomen an unterschiedlichsten Stellen führen, zum Teil deutlich zeitverzögert. Je komplexer und vernetzter die Anlage ist, desto länger dauert die manuelle Identifikation der Ursache. Damit vergeht mitunter viel Zeit, bis die Reparatur erfolgen kann. Dies gilt heute als wichtiger Kostentreiber.

Ein KI-basiertes Diagnosesystem ermittelt basierend auf den Symptomen die wahrscheinlichsten Fehlerursachen, und zwar innerhalb von kurzer Zeit. Der Benutzer sieht dann nicht mehr nur die Symptome in Form von Alarmen und Warnungen – vielmehr werden ihm mögliche Fehlerursachen sofort angezeigt, häufig wird eine Reparaturanleitung direkt mitgeliefert.

Dazu nutzt die KI Wissen über Anlagenkausalitäten und Systemstrukturen. Kausale Modelle erfassen räumliche und zeitliche Zusammenhänge, also Abhängigkeiten und Effekte. Bezogen auf das Beispiel bedeutet das: Die KI analysiert alle Daten der Anlage. So kann sie im Beispielfall einen zeitlichen und kausalen Zusammenhang zwischen einer ungewöhnlich hohen Temperatur bei der Zuführung der Stoffe und bei Abfüllung des Lacks herstellen. Auf diese Weise wird der Bediener direkt an die Ursache des Fehlers geführt.

Für Fortgeschrittene

Kernidee eines KI-basierten Diagnosesystems sind kausale Modelle, die zur Ermittlung von Fehlerursachen genutzt werden. Sie ermitteln räumliche und zeitliche Kausalitäten zwischen Modulen sowie Parameter-Sensor-Abhängigkeiten.

Für kleine Systeme, etwa einzelne Anlagenmodule, eignet sich ein heuristischer Diagnoseansatz. Er nutzt Modelle, um von Symptomen auf Fehlerursachen zu schließen. Oft werden diese Modelle auf Basis von bekannten Diagnosefällen gelernt. Für größere Anlagen wie Produktionsstraßen oder Fabriken wird häufig die modellbasierte Diagnose, kurz MBD, genutzt. MBD verwendet Inkonsistenzen zwischen Modellvorhersagen und Beobachtungen, um die Ursachen für anomale Situationen zu ermitteln. Dazu werden Teile des Modells und damit Teile der Vorhersagen mit Annahmen über die korrekte Funktionsweise von Komponenten verknüpft.

Durch die Anwendung von KI-Algorithmen kann man eine Hypothese aufstellen, welche Annahmen über die gesunden Komponenten nicht mit den Beobachtungen übereinstimmen. Dieser Ansatz verwendet Modelle, die nur das normale Verhalten des Systems darstellen. Dies ist ein realistischer Aufbau für Produktionssysteme, in denen Modelle häufig nur fehlerfreie Situationen erfassen.

Für eine KI-basierte Diagnose müssen Informationen wie Anlagenstrukturen, Kausalitäten im Prozess, Anlagentopologien und Beschreibungen der verbauten Geräte aus der Engineeringkette importiert werden. Hierzu sind Daten wie R&I-Diagramme, Cause-and-Effect-Matrix (C&E), Fehlermöglichkeits- und Wirkungsanalyse (FMEA) oder Automation-ML zu verwenden – die Verfügbarkeit dieser Daten ist die wichtigste technische Voraussetzung.

Anwendungsszenario: Alarmreduktion

Künstliche Intelligenz kann dabei helfen, Alarme sofort richtig einzuordnen und die passenden Schlüsse daraus zu ziehen.

Das Szenario

In einer chemischen Produktionsanlage, die mit vielen Sensoren ausgestattet ist, erscheinen innerhalb kürzester Zeit mehrere Alarme. Sie deuten auf Probleme in unterschiedlichen Teilen der Anlage hin: Es werden zu wenige Container abgefüllt, einige Sensoren zeigen falsche Temperaturen und Drücke an, Füllstände in Behältern sind inkorrekt. Bis zur Ursachenbehebung muss die Anlage teilweise abgeschaltet werden.

Vorher

Die Alarme werden dem Bediener in der zeitlichen Reihenfolge ihres Eintreffens angezeigt. Bei solchen „Alarmfluten" oder „Alarmkaskaden" ist allerdings oft nicht klar, wie wichtig welcher Alarm ist und wo die Behebung sinnvoll ansetzt. Deshalb dauert es längere Zeit, bis die Ursache – beispielsweise die falsche Zusammensetzung eines Rohstoffs oder ein Sensorausfall – gefunden wird, mit der Reparatur begonnen und der Anlagenstillstand schließlich beendet werden kann.

Nachher

Werden Alarme ausgelöst, analysiert ein KI-System automatisch die Alarmliste und ermittelt die dahinterliegende Ursache bzw. die relevanteste Alarmmeldung. Dem Bediener der Anlage werden nur diejenigen Alarme angezeigt, die nahe an der Ursache liegen, oder es wird direkt eine Reparaturanleitung generiert.

Die Methode im Überblick

Das Problem bei einer Alarmflut ist, dass die Alarme dem Bediener in der zeitlichen Reihenfolge ihres Eintreffens angezeigt werden, die allerdings durch physikalische Verzögerungen nicht unbedingt der Reihenfolge der Verursachung entsprechen muss. Der Bediener der Anlage erhält also eine logisch nicht geordnete Liste von Alarmen und es ist mitunter nicht einfach, die tatsächliche Ursache der Alarme zu ermitteln.

Eine KI analysiert die Alarme und bestimmt denjenigen, der durch die tatsächliche Ursache ausgelöst wurde. Dazu werden die verschiedenen Alarme in Beziehung zueinander gesetzt, etwa: Wenn die Temperatur im Reaktor A steigt, ist der Energieverbrauch für die Kühlung zwingend höher. Durch solche Wenn-dann-Modelle kann schließlich in kürzester Zeit der Ursprung des Problems gefunden werden.

Für Fortgeschrittene

Die Automatisierung und Digitalisierung mit einer hohen Vernetzung aller Sensoren, Aktoren und Steuerungen erlaubt es Automatisierern, immer mehr Werte zu überwachen und abzugleichen. Die bei ungewöhnlichen Situationen generierten Alarme und

Warnungen, die der Anlagenbediener angezeigt bekommt, führen aufgrund ihrer enormen Anzahl – sogenannten „Alarmfluten" oder „Alarmkaskaden" – oft zu einer Überforderung. Durch ihre Unübersichtlichkeit können sie den Gesamtwert eines Alarmsystems sogar verringern.

Durch den Einsatz von Künstlicher Intelligenz werden verschiedene Alarme in Beziehung zueinander gesetzt, sodass direkt derjenige Alarm bestimmt werden kann, der durch die tatsächliche Ursache ausgelöst wurde – und nicht durch eine Folge der Ursache. Um eine entsprechende Software zu entwickeln, müssen frühere Alarmlisten mit Maschinellem Lernen analysiert werden. Dazu ist es notwendig, dass diese Listen jeweils mit der korrekten Ursache annotiert sind. Verfahren wie zum Beispiel Neuronale Netze oder Clustering lernen in der Folge, welche Muster in der Alarmliste auf welche Ursachen zurückzuführen sind. Die Ergebnisse werden verbessert, indem Vorwissen über Zusammenhänge im System verwendet wird, etwa über den mechanischen Anlagenaufbau, über Modularisierungen oder über die elektrische Verschaltung. Kausalmodelle beispielsweise in Form von Bayes'schen Netzwerken können Ursache-Wirkungsbeziehungen modellieren, sodass jeweils die Ursache für Alarme analysiert werden kann. In dem Fall werden aus den Daten nur noch Wahrscheinlichkeitsinformationen für die Kausalitäten gelernt.

Anwendungsgebiet: Anlagenkonfiguration und Optimierung

Anwendungsszenario: Automatische Optimierung der Produktqualität

Künstliche Intelligenz kann zur automatischen Optimierung der Produktqualität beitragen, indem verschiedene Parameter wie Rohstoffqualität, Produktionsvorgänge und Produkteigenschaften automatisch in Beziehung zueinander gebracht werden. Dieses Szenario ist eine Erweiterung des Szenarios „Überwachung der Produktqualität" und nutzt Prognosen des Digitalen Zwillings nicht nur zur passiven Überwachung, sondern zur aktiven Optimierung während der Laufzeit.

Das Szenario

In einem Schmelzofen wird Schokolade eingeschmolzen, um Süßwaren zu produzieren. In welchem Zustand ist die Schokolade? Welche Temperatur, welche Schmelzkurve hat welche Auswirkungen auf das Produkt? Schmilzt die Schokolade zu schnell oder mit einer falschen Temperatur, kann sie ihre Konsistenz verändern und sieht möglicherweise für den Endverbraucher nicht mehr appetitlich aus. Eine generelle Standardeinstellung ist nicht möglich, da jeder Schmelzvorgang von verschiedenen Faktoren abhängt, zum Beispiel von der Art und Qualität der Kakaobohne und von der zugegebenen Rohstoffmenge. Durch Sensoren lässt sich die Qualität des Produkts kaum direkt messen.

Vorher

Bevor der Schmelzvorgang beginnt, überprüft ein Mitarbeiter die Kakaobohnen und stellt die Schmelzmaschine nach Gefühl und Erfahrung ein. Häufig wird das Ergebnis gut, jedoch längst nicht immer. Die Produktqualität kann nur am Ende der Produktion durch sensorische Tests – Stichwort: Probieren – überprüft werden.

Nachher

Ein KI-System aktualisiert ständig einen Digitalen Zwilling, also ein Modell des Produkts. Dieser Digitale Zwilling erlaubt die Vorhersage von Produkteigenschaften, die nicht direkt im Prozess gemessen werden können, zum Beispiel Geschmack, Viskosität und andere Materialeigenschaften. Dies erlaubt eine kontinuierliche Überwachung der Produktqualität während der Produktion und sogar eine sofortige Reaktion auf unzureichende Produktqualitäten, etwa durch eine Anpassung von Anlagenkonfigurationen.

Die Methode im Überblick

Für die Überwachung der Produktqualität wird ein Digitaler Zwilling des Produkts eingesetzt, also ein Modell des realen Systems. Auf Basis der verfügbaren Sensordaten und Rohstoffbeschreibungen überwacht der Digitale Zwilling die Produktion – er sagt Produkteigenschaften vorher und überprüft kontinuierlich, ob diese von den Sollwerten abweichen. Ist das der Fall, so wird ein Alarm ausgelöst.

Der Digitale Zwilling ist also ein digitales Abbild des realen Produkts, hat aber – anders als die Realität – nicht das Problem, dass wichtige Produkteigenschaften nicht beobachtbar sind. In diesem Sinne setzt ein Digitaler Zwilling also eine virtuelle Sensorik um, da nicht beobachtbare Größen auf Basis beobachtbarer Größen berechnet werden.

Für Fortgeschrittene

Qualitätskontrolle und -sicherung dienen in der Produktion – neben Optimierungszielen wie Rohstoffausnutzung und -ausbeuten – vor allem der Einhaltung interner Qualitätsvorgaben und gesetzlicher Vorgaben. Fehlerhafte Qualität kann zu Misserfolgen im Markt, höheren Herstellungskosten und Reklamationen führen.

Methoden des Maschinellen Lernens wie Neuronale Netze erfassen während der Produktion alle relevanten Daten, etwa Sensordaten und Rohstoffinformationen, und lernen dabei kontinuierlich einen Digitalen Zwilling, also ein Modell der Produkte und Zwischenprodukte. Dazu müssen typische Schwierigkeiten solcher ML-Ansätze überwunden werden: Es müssen die Genauigkeit entsprechender Modellprognosen sichergestellt, passende Modellformalismen identifiziert und Modelle mit entsprechenden Lernverfahren aus Daten abgeleitet werden, um die kontinuierliche Synchronität zwischen Modell und Produkt im Produktionsprozess zu garantieren.

Digitale Zwillinge von physischen Objekten sind der Kerngedanke von Cyber-Physischen Systemen. Mit ihnen lassen sich Aufgaben wie Qualitätssicherung, Optimierung der Produktion und Dokumentation lösen. Die Digitalen Zwillinge stellen Modelle aller involvierten Zwischenprodukte und vor allem der Endprodukte dar. Hierfür sind solche Modellformalismen zu verwenden, die sowohl die Prognose aller relevanten Produkteigenschaften erlauben als auch eine datenbasierte Modellparametrisierung bzw. ein Modelllernen während des Betriebs unterstützen. Um ein solches Modelllernen umzusetzen, bedarf es einer guten Datenbasis. Sollte die Datenbasis nicht ausreichen, kann auch neue Sensorik notwendig werden.

Zusätzliches Prozesswissen in Form von Prozessmodellen definiert Sollwerte für die Produkte und unterstützt den Lern- und Analyseprozess durch die Modellierung der erwarteten Produktionsschritte. Ressourcenmodelle von Anlagen und Maschinen helfen bei der Korrelation zwischen Sensorwerten, Messort und Messgenauigkeit.

In der Qualitätskontrolle werden Soll-Werte mit aus den Digitalen Zwillingen abgeleiteten Ist-Werten verglichen, um die Standards und Spezifikationswerte entlang der Prozesskette zu überwachen.

Die Auswertung der Daten mittels Maschinellem Lernen verlangt grundlegende ML-Kenntnisse. Typische Beispiele zur Umsetzung dieser Produktqualitätsansätze sind Neuronale Netze oder statistische Ansätze wie Gaußprozesse. Hierbei gibt es allerdings nicht das eine „Kochrezept" zur Umsetzung, sondern ein Experte muss manuell verschiedene Verfahren mit verschiedenen Einstellungen durchprobieren. Es ist hier also nicht ausreichend, entsprechende Software-Werkzeuge einzukaufen und sich in diese einzuarbeiten, vielmehr wird ein Experte mit ML-Kenntnissen benötigt.

Wichtigste technische Voraussetzung ist die Datenqualität, vor allem die generelle Verfügbarkeit der wichtigsten Sensordaten. Verfügbarkeit heißt hier, dass ein externes Softwarewerkzeug die Daten erreichen kann, etwa über Schnittstellen wie OPC UA.

Sie ist gut geeignet; ein Signal auf dem Bus oder in der Steuerung dagegen ist nur schwierig ohne eine Änderung im System erreichbar.

Eine weitere wichtige Voraussetzung ist ein genauer Zeitstempel der Signale, jedes Signal muss wissen, wann es produziert wurde. Die Genauigkeit ist dabei prozessabhängig: Für einen zweistündigen chemischen Prozess dürfte eine Auflösung von Minuten reichen, während ein Robotersystem eine Genauigkeit im Millisekunden-Bereich erfordert. Wichtig ist, dass die Uhren der Datenerfassungsgeräte synchron sind. Dabei muss der Zeitstempel möglichst nahe an der Anlage vergeben werden, zum Beispiel im Sensor.

Wichtig ist ebenfalls, dass die Daten sinnvoll annotiert werden. Das heißt, es sollte vermerkt werden, von welchem Systembestandteil die Daten stammen und in welchem Zustand das Produktionssystem war. Für viele Produktionsprozesse ist es auch entscheidend, dass sich die aufgenommenen Sensordaten mit der Charge, das heißt dem jeweiligen produzierten Gut und dessen Rohstoffen assoziieren lassen. Nur so können Abhängigkeiten zwischen Rohstoffen, Produktqualität und Prozesszustand ermittelt werden.

Anwendungsszenario: Optimierung der Anlageneffizienz

Künstliche Intelligenz kann Anlagen so konfigurieren, dass sie effizienter arbeiten.

Das Szenario

In einer Fabrik werden Autos produziert, dabei müssen Teile wie Autotüren jeweils zu einem bestimmten Zeitpunkt aus dem Lager zur Karosserie transportiert werden, um montiert zu werden.

Vorher

Zu einem festgelegten Zeitpunkt startet ein Transportroboter mit einer Autotür in Richtung Karosserie. Es kommt allerdings vor, dass die Vorarbeiten noch nicht abgeschlossen sind, sodass die Tür zunächst abgelegt werden muss und damit andere Produktionsschritte behindert werden. Andererseits kann es sein, dass die Tür zu spät angeliefert wird und die Produktion kurzzeitig stillsteht. Geschieht dies viele Male pro Tag, kommt es zu deutlichen Zeitverlusten.

Nachher

Der Transportroboter liefert die Tür genau zu dem Zeitpunkt zur Karosserie, zu dem der Schweißroboter für diese Aufgabe frei ist. Darüber hinaus wählt der Transportroboter automatisch den optimalen Weg zwischen Lager und Karosserie – entweder den direkten Weg, wenn dieser frei ist, oder einen Umweg, um keine anderen Arbeitsschritte zu behindern. Außerdem erkennt das System, ob es sinnvoll ist, dass der Transportroboter weitere Türen oder andere Teile mitnimmt, weil sie in direkter Nähe benötigt werden.

Die Methode im Überblick

In einer industriellen Produktion ist es für einen reibungslosen, effizienten Ablauf entscheidend, dass die richtigen Teile zum richtigen Zeitpunkt an der richtigen Stelle sind, ohne dabei andere Vorgänge zu stören. Im optimalen Fall müssen die Abläufe dazu ständig flexibel verändert werden – was aber in der Praxis in der Regel – wenn überhaupt – allenfalls unregelmäßig, manuell und für einzelne Prozessausschnitte umgesetzt wird. Das Gesamtsystem wird heute noch zu selten betrachtet, obwohl die Schritte einander bedingen.

Im vorliegenden Beispiel beantwortet KI mit Hilfe eines Digitalen Zwillings – also eines digitalen Modells – im Wesentlichen die Frage, welche Auswirkungen eine Änderung an einer Stelle auf alle anderen Prozessschritte hat. So werden alle relevanten Parameter in den Digitalen Zwilling eingegeben. Dieser simuliert im Bruchteil von Sekunden verschiedene Anlagenkonfigurationen, in diesem Fall mögliche Fahrwege des Transportroboters, um dann das beste Ergebnis vorzuschlagen und an der realen Anlage einzustellen.

Für Fortgeschrittene

Produktionsanlagen werden heute oft noch manuell konfiguriert. Selbst Methoden zur automatischen optimalen Konfiguration von Anlagen und von Produkten arbeiten meistens nur zuverlässig für räumlich und zeitlich begrenzte Prozessausschnitte wie einzelne Reaktoren, Roboter oder Antriebe. Hierdurch wird viel Potenzial für eine Steigerung des Durchsatzes und für eine Kostensenkung verschenkt – dabei entstehen gerade in modernen Produktionsanlagen die meisten Optimierungsmöglichkeiten durch das Zusammenspiel von räumlich und zeitlich entfernten Prozessschritten bzw. durch Abhängigkeiten von Rohstoffen.

In Produktionsanlagen sollen sowohl Prozess als auch Produkt kontinuierlich verbessert werden. Hier beantwortet die KI im Wesentlichen die Frage, welche Auswirkungen Änderungen von Prozessparametern, Rohstoffeigenschaften oder anderen Eingabeparametern auf Produkteigenschaften oder Key Performance Indicators (KPIs) wie Kosten oder Durchsatz haben. Die KI-basierte Optimierung nutzt dazu Digitale Zwillinge der Anlagen und der Produkte, um hypothetische Änderungen der Konfiguration auf die KPIs zu prognostizieren und so bessere Produktions-Konfigurationen zu identifizieren.

Digitale Zwillinge sind ein Schlüsselkonzept für Cyber-Physical Production Systems (CPPS): Durch die Aufrechterhaltung einer Sammlung relevanter Informationen über eine physikalische Einheit wird ein digitaler Schatten erstellt, der für heterogene Aufgaben wie Überwachung, Diagnose oder Optimierung verwendet werden kann. Die meisten Forschungen zu Digitalen Zwillingen konzentrieren sich auf ingenieur- und prozessorientierte Aspekte wie die kontinuierliche Bereicherung des Zwillings während seines Lebenszyklus, auf Simulationsszenarien und auf Modellierungsfragen wie optimale Meta-Levels. Zusätzlich werden heute einige Aspekte des Digitalen Zwillings mittels Maschinellem Lernen automatisch generiert.

Die Digitalen Zwillinge müssen zur Optimierung prognosefähig sein, das heißt, sie müssen die Auswirkungen auf KPIs für völlig neue Konfigurationen berechnen können. Dies ist bisher nur sehr selten der Fall, in der Regel läuft es auf sehr genaue Simulationsmodelle hinaus. Allerdings sind auch diese schwierig zu erstellen und noch schwieriger zu pflegen. Eine Lösung bietet das Maschinelle Lernen, aber auch diese Verfahren liefern heute noch sehr selten prognosefähige, also zur Optimierung geeignete Modelle.

In der Realität ist es heute in der Regel so, dass ein KI-System kontinuierlich die Produktion beobachtet und auf dieser Basis Vorschläge für eine Optimierung der Produktionskonfiguration erstellt, zum Beispiel für die Optimierung von Transportvorgängen oder die Optimierung der Reihenfolge von Produktionsaufträgen. Ein Experte sichtet diese Vorschläge und optimiert die Anlagen. Dabei liegen Daten für eine Entscheidung durch Vorgesetzte vor, da das KI-System den Vorteil der Optimierung weitgehend quantifizieren kann.

Anwendungsszenario: Automatische Anlagenadaption und Rekonfiguration

Künstliche Intelligenz kann dabei helfen, eine Anlage neu zu konfigurieren – etwa wenn Einstellungen geändert oder neue Komponenten integriert werden.

Das Szenario

An einer Anlage, die Waschmaschinen zusammenbaut, ist ein Roboter veraltet und muss ausgetauscht werden. Die neue Komponente kommt von einem anderen Hersteller und hat modernere Möglichkeiten als die alte – daher ist es aufwändig, sie in die Gesamtanlage zu integrieren.

Vorher

Der neue Roboter muss nicht nur programmiert, sondern durch einen Mitarbeiter an die Anlage angepasst werden. Dazu muss er einerseits die Parameter des neuen Roboters auf die Erfordernisse der Anlage einstellen, andererseits aber vor allem die verbleibenden Komponenten an den neuen Roboter anpassen. Es kann mehrere Tage dauern, bis alles einwandfrei funktioniert, in dieser Zeit steht die Anlage still. Müssen die Einstellungen später geändert werden, etwa weil ein anderes Waschmaschinenmodell produziert werden soll, müssen die Konfigurationen wieder per Hand eingegeben werden, während die Anlage nicht arbeiten kann.

Nachher

Der neue Roboter wird durch ein Plug-in mit dem Rest der Anlage verbunden. Anlage und neuer Roboter gleichen durch Kommunikationsprotokolle alle Konfigurationen ab und richten sie automatisch ein, ein Anlagenstillstand ist nicht mehr notwendig. Werden etwa für ein neues Waschmaschinenmodell neue Einstellungen nötig, kann dies ebenfalls über die KI-Software eingestellt werden.

Die Methode im Überblick

Heute werden in immer kürzeren Abständen neue Produkte und Produktvarianten erwartet. Die Hersteller sehen sich zunehmend mit solchen Time-to-Market-Anforderungen konfrontiert, hinzu kommt der ständige Druck, die Produktivität zu steigern, Ressourcen zu sparen und Kosten zu senken. All dies führt zu einem starken Bedarf an anpassbaren und veränderbaren Anlagen sowie an entsprechenden Automatisierungslösungen.

Die KI bietet neuartige Konzepte, um Anlagen schneller an neue Produkte und Anlagenänderungen anzupassen. Dies geschieht mit Hilfe eines Digitalen Zwillings der Anlage, der auf Grundlage von Algorithmen die optimalen Einstellungen für eine Rekonfiguration des Systems berechnet, die dann automatisiert umgesetzt werden. Da ein Umbau des Systems keinen Anlagenstillstand mehr erfordert, kann die Industrie auf diese Weise maßgeschneiderte Lösungen bis zur Losgröße 1 produzieren sowie in On-Demand-Fertigungskonzepte einsteigen.

Für Fortgeschrittene

Ziel ist es, mit Hilfe eines Digitalen Zwillings ein autonomes KI-System zu implementieren, das zur Selbstkonfiguration oder auch zur Selbstreparatur fähig ist.

Auch wenn die adaptive, also sich selbst anpassende Produktion mittlerweile häufig ein Thema ist, sind in der Praxis bisher kaum Produktionsanlagen und Software adaptiv: Gegenwärtig codiert die Automatisierungssoftware die Lösungsstrategie hart, die Reihenfolge und Parametrisierung von Produktionsschritten wird also manuell und statisch in Form von Code-Anweisungen ausgedrückt, etwa als IEC-61131-3-Programme. Eine solche Software kann nur auf Produkt- und Anlagenänderungen reagieren, die zum Zeitpunkt der Entwicklung vorgesehen waren. Das heißt: Eine automatische Anpassung an neue Situationen ist nicht möglich. Derzeit sind die manuellen Änderungen der Automatisierungssoftware ein Hauptgrund für nicht anpassbare Anlagen und für die hohen Anstrengungen und Kosten, die durch die Anpassung an neue Produkte oder Prozesse verursacht werden. Bei jeder Änderung versuchen die Automatisierungsingenieure zunächst, die neue Produktspezifikation und den neuen gewünschten Produktionsprozess zu verstehen. Dies erfordert intensive Gespräche mit Maschinenbauingenieuren und Prozessexperten, die die Befehlsschnittstelle zu allen Produktionsmodulen verstehen und lange Dokumente lesen müssen. Schließlich implementieren sie die Lösung in handelsüblichen Controllern, was normalerweise wiederum bedeutet, auch diese Dokumentation zu lesen und Entwicklungszyklen mit Versuch und Irrtum zu testen. Dieser aufwändige Prozess verhindert anpassungsfähige Anlagen und führt zu hohem Aufwand, vielen Fehlern und frustrierten Ingenieuren.

Anpassungsfähige Anlagen mit KI-Integration benötigen zukünftig nur noch eine Beschreibung des gewünschten Produkts – in Zukunft werden die Experten nur noch das „Was“ beschreiben, nicht mehr das „Wie“. Dazu werden unterschiedliche KI-Ansätze kombiniert:

- Wissensmodellierung und semantische Modelle: Das Wissen über Anlagen, Ressourcen und Produkte wird mithilfe formaler KI-Modelle (Digitale Zwillinge) modelliert.
- Maschinelles Lernen (ML): ML-Algorithmen werden verwendet, um Teile des Systemverhaltens basierend auf Beobachtungen zu lernen.
- Planung und Scheduling: Planungs- und Scheduling-Algorithmen werden verwendet, um große Teile der Automatisierungssoftware automatisch zu erstellen und den Aufwand für die Anpassung der Automatisierungssoftware erheblich zu reduzieren.

Grundlage für diese neuen KI-Ansätze sind modulare Anlagen und vor allem eine modulare Automationssoftware. Benötigt werden neben Modulbeschreibungen vor allem wiederverwendbare Softwarekomponenten. Diese basieren auf in den vergangenen Jahren entwickelten Standards, z. B. die von der Industrie-4.0-Plattform standardisierte Asset Administration Shell, Modulfähigkeitsmodelle wie IEC TR 62794, Prozessbeschreibungsansätze wie VDI/VDE-Richtlinie 3682 und einem kompetenzbasierten Ansatz für wiederverwendbare Mechatronik- und Softwarekomponenten. Solche Softwarekomponenten setzen unter anderem die Fähigkeiten (Skills) der Produktionsmodule um, die sich zumeist auf wiederverwendbare, abstrakte Funktionen wie den

Transport eines Objekts an eine Zielfunktion oder das Füllen eines Reaktors bis zu einer vorgegebenen Füllhöhe beziehen.

Basierend auf diesen funktionalen, fähigkeitsbasierten Schnittstellen können KI-Methoden die Automationssoftware automatisch anpassen: Wenn ein neues Produkt produziert oder die Anlage geändert werden soll, generieren KI-Algorithmen – z. B. Planungsalgorithmen – basierend auf formalen Beschreibungen der Produkte und Anlagenressourcen automatisch den Produktionsprozessplan einschließlich der Automatisierung.

Anwendungsszenario: Optimierung der Logistikkette

Künstliche Intelligenz kann Logistikketten analysieren und Verbesserungen vorschlagen.

Das Szenario

Ein Unternehmen produziert Weiße Ware. Die Logistikkette ist komplex: Komponenten wie Elektronik und Metallteile werden von verschiedenen Firmen zugeliefert, oft auch aus dem Ausland. Die fertigen Produkte werden anschließend weltweit verschickt. Herausforderungen bestehen bei der Lagerhaltung, den Transportkosten sowie bei der Pünktlichkeit von Lieferungen.

Vorher

Das Unternehmen erfasst viele Daten aus der Logistikkette nicht – etwa die Zeitpunkte der Transporte – oder sammelt sie nicht an einer zentralen Stelle. Die Logistikschritte werden auf Grundlage einer langfristigen, statischen Planung festgelegt, kurzfristige Änderungen sind nicht vorgesehen. Zudem erfolgen die Logistikprozesse ohne jegliche Abstimmung mit anderen Partnern in der Wertschöpfungskette.

Nachher

Alle Daten zu Schritten in der Logistikkette werden erfasst und mit den Anforderungen der beteiligten Parteien wie Produzenten oder Logistikfirmen abgeglichen. Ein KI-System berechnet Optimierungsmöglichkeiten etwa zu Transportzeitpunkten und teilt dies den Parteien mit. So können Kosten für Lagerhaltung und Transport optimiert werden, außerdem verbessert sich die Pünktlichkeit der Lieferungen.

Die Methode im Überblick

Der erste Schritt ist stets die Erfassung aller Daten und eine Datenintegration. Die Datenintegration ist notwendig, weil sich das Optimierungspotenzial oft erst beim Blick auf die gesamte Logistikkette erschließt. Zusätzlich wird Wissen über die jeweiligen Produktionsziele und über die Verfügbarkeit von Rohmaterialen, Transportmöglichkeiten und Lagerkapazitäten benötigt. Eine zentrale Herausforderung ist also die formale Erfassung und Beschreibung all dieser Daten und ihre Integration.

Liegen die relevanten Daten vor, kann von einem KI-System ein Modell des Logistikprozesses erstellt werden. Dazu müssen Daten mit Wissen über Logistikprozesse und Güter kombiniert werden. Anhand dieses Modells werden Bereiche im Logistikprozess identifiziert, die Optimierungspotenzial aufweisen. Bisher werden in der Regel nur Vorschläge berechnet, die ein Experte umsetzen könnte – in Zukunft sind aber automatische Anpassungen in Logistikprozessen denkbar.

Für Fortgeschrittene

Die Modellerstellung nutzt oft entsprechende Maschinelle Lernmethoden. Die Integration aller Daten ist vor allem aktuell ein Problem unterschiedlicher Kommunikationsprotokolle und Datenbanken. Im Allgemeinen fällt hier also ein signifikanter Aufwand für die Datenerfassung an. Das Abspeichern der Daten erfolgt zumeist inklusive eines Semantikmodells, zum Beispiel mittels Ontologien – das bedeutet, dass das gesamte notwendige Wissen wie Konzepte und Zusammenhänge formal definiert wird.

Als maschinelle Lernverfahren kommen Algorithmen aus dem Bereich des Process Mining oder des Automatenlernens zum Einsatz. Es werden solche Verfahren angewendet, die auch Zeitdauern erlernen können, sodass später Optimierungen der Zeitdauern möglich werden. Diese Verfahren müssen aber noch um die Erfassung der jeweiligen Produktionsziele ergänzt werden. Dies verlangt ein grundsätzliches Wissen um die Hintergründe der Algorithmen.

Anschließend können optimierte Logistikprozesse durch Veränderungen des gelernten Modells identifiziert werden. Hierbei müssen die veränderten Modelle alle Anforderungen – etwa rechtzeitige Lieferungen – erfüllen und dabei Optimierungskriterien verbessern, etwa Kosten und Zeit. Diese Modellveränderungen werden von Algorithmen umgesetzt, beispielsweise Suche oder diskrete Optimierung.

Teil 4: KI im eigenen Unternehmen

Es gibt also vielfältige Möglichkeiten, Künstliche Intelligenz im eigenen Unternehmen einzusetzen. Doch auch jenseits von konkreten Anwendungsfeldern werden viele Fragen auftauchen: Wie baut man ein KI-Team auf? Wer sind die Spezialisten, die die Einsatzgebiete identifizieren, die richtigen Methoden finden und diese dann auch erfolgreich einführen können? Wer ist für die einmal implementierte KI im laufenden Betrieb zuständig? Was sagen die anderen Kolleginnen und Kollegen? Auf all diese Fragen gibt es keine allgemeingültigen Antworten, jedes Unternehmen muss seinen eigenen Weg finden. Aus der Praxis berichten *Prof. Dr. Oliver Niggemann* sowie Experten aus drei mittelständischen Unternehmen:

- *Stephan Köhler* vom mittelständischen Medizintechnik-Spezialisten Brasseler
- *Thomas Islinger* von einem mittelständischen Maschinen- und Anlagenbauer sowie
- *Dr. Mike Mücke* und *Thomas Bischoff* vom Elektrotechnik-Spezialisten Phoenix Contact.

Die Suche nach Spezialisten

„In Deutschland werden noch zu wenige KI-Spezialisten ausgebildet“

Woher bekommt man gute und qualifizierte Mitarbeiterinnen und Mitarbeiter? Wie integriert man sie in das bestehende Team? Fragen, die nicht immer einfach zu beantworten sind: Die Personalfrage wird gerade im Bereich der KI häufig zur Herausforderung. Ein Autorengespräch.

Was ist für ein Unternehmen am besten, wenn es in die KI einsteigen will: Die eigenen Mitarbeiter weiterbilden, neue einstellen oder auf externe Spezialisten zurückgreifen?

Langfristig sollte das Ziel immer sein, eigene Mitarbeiter zu qualifizieren. Gerade weil KI keine homogene Zukauf-Technologie ist, sondern weil sie sich permanent weiterentwickelt und immer Anpassungen, immer eigenes Wissen erfordert. Am Anfang kann es aber durchaus sehr sinnvoll sein, dieses eigene Know-how durch Kooperation mit externen Partnern aufzubauen, zum Beispiel mit Forschungsinstituten.

Wie bildet man eigene Mitarbeiter weiter?

Es gibt durchaus passende Angebote auf dem Weiterbildungsmarkt. Eine andere Möglichkeit ist natürlich, die eigenen Mitarbeiter durch Kooperationen mit externen Partnern aus dem Bereich KI quasi in der Praxis weiterzubilden.

Welche Mitarbeiter sind dazu am besten geeignet?

Es sollten schon Mitarbeiter sein, die eine gewisse Affinität zum Thema Digitalisierung, zum Thema Daten und auch zur Informatik haben.

Wo oder wie findet man neue, bereits spezialisierte Mitarbeiter?

In Deutschland werden aktuell zu wenig Experten in den Bereichen KI und ML ausgebildet. Nicht jeder Informatik-Absolvent ist zugleich auch KI-Spezialist – wirklich gut ausgebildet ist, wer von den spezialisierten Lehrstühlen zu den Themen KI, Data Science oder Maschinelles Lernen kommt. Allerdings sind das leider noch nicht allzu viele. Das klassische Vorgehen, fertige Absolventen von Hochschulen am Arbeitsmarkt einzukaufen, funktioniert deshalb in diesem Bereich in der Regel nicht. Gerade Mittelständler tun sich sehr schwer, passende Mitarbeiter zu bekommen.

Eine gute Alternative ist es, Kooperationen mit Hochschulen einzugehen, sodass man entsprechende Experten sehr früh selbst heranzieht.

Was muss man solchen neuen Spezialisten im Unternehmen bieten, um sie zu gewinnen und zu halten?

Ganz wichtig ist es, eine entsprechende Umgebung in der Firma zu schaffen, in der Experten für KI nicht fremdeln – dies gilt vor allem im ingenieurwissenschaftlichen Bereich. Erst einmal ist eine solche KI-Gruppe in der Firma ein Fremdkörper, weil sie eine andere „Kultur“ mitbringen, natürlich in der Firma nicht vernetzt sind und zunächst erst einmal auch gar nicht zu den Umsätzen in den Kernbereichen beitragen. Zudem kann es sein, dass etablierte Mitarbeiter ihre Arbeitsfelder durch die KI und damit auch durch die Spezialisten bedroht sehen. Es kann eine echte Herausforderung sein, solche Mitarbeiter zu halten. Eine mögliche Strategie ist, eine solche Gruppe sehr eigenständig zu führen, sie quasi wie ein kleines internes Start-up aufzubauen.

Eine andere Strategie ist es, eine Akzeptanz in der Firma zu schaffen, sodass diese KI-Gruppe von Anfang an stark integriert ist. Hierzu müssen aber in der Firma Ängste bezüglich eines Abbaus von Arbeitsplätzen und Sorgen um das eigene Qualifikationsprofil ausgeräumt werden.

Wie geht das?

Das Geheimnis ist natürlich Kommunikation, Kommunikation und Kommunikation. Der Stammmannschaft muss deutlich gemacht werden, dass Investitionen in diese Zukunftsmärkte auch die Arbeitsplätze in den bisherigen Bereichen sichern.

Wenn man sich für externe Experten entscheidet – wo findet man die?

Es gibt in Deutschland mittlerweile ein relativ gutes Netzwerk von vom Bund geförderten Beratungsorganisationen. Ansonsten sind sicherlich Forschungsinstitute und Hochschulen gute Ansprechpartner.

Was ist mit dem Rest des Teams? Müssen alle weitergebildet werden?

Das ist ein ganz wichtiger Punkt! Ziel muss es immer sein, dass alle Mitarbeiter zumindest eine Allgemeinbildung im KI-ML-Bereich bekommen – zum Beispiel über Vorträge oder Seminare. Es müssen nicht alle Mitarbeiter zu KI-Experten ausgebildet werden, aber alle müssen zumindest in der Lage sein, die grundlegenden Begriffe zu verstehen.

Wo sind die größten Probleme, Innovationen im Unternehmen zu etablieren?

Gerade im Mittelbau von Technologiefirmen gibt es immer Experten, die ihr Alleinstellungsmerkmal bezüglich gewisser Themen durch die Einführung neuer Technologien bedroht sehen. Diese Leute muss man identifizieren und für sie eine Win-win-Situation herstellen, sodass sie nicht befürchten müssen, ihre Rolle in der Firma zu verlieren. Transparente Kommunikation und das aktive Einbeziehen dieser Menschen sind entscheidend. Alle Seiten müssen verstehen, dass eine Firma nur erfolgreich sein wird, wenn man zusammenarbeitet. Dies lässt sich in einem konkreten Projekt am einfachsten erleben – vor allem dann, wenn die Geschäftsführung klarmacht, dass beide Gruppen auch langfristig in der Firma gebraucht werden.

Der zweite Punkt ist die Bereitstellung von ausreichendem Investitionskapital. In vielen Bereichen sind natürlich auch „quick wins“ möglich – aber eine gewisse Investitionshöhe ist einfach notwendig.

Der dritte Aspekt ist, wie oben schon ausgeführt, der Aufbau von entsprechendem Know-how und das Finden passender Mitarbeiter am Arbeitsmarkt.

Aus der Praxis: KI in einem mittelständischen Produktionsunternehmen

„Eine Frage von Begeisterung und Vertrauen“

Wie kann ein mittelständisches Produktionsunternehmen das Thema KI angehen? *Stephan Köhler* vom Medizintechnik-Spezialisten Brasseler über motivierte Mitarbeiter, Standards bei Schleifscheiben und die Herausforderung, die Champions League nach Ostwestfalen zu holen.

Man könnte denken: Bei einem traditionellen Familienunternehmen ist es schwierig, Innovationen einzuführen. Ist das so?

Nein, nicht unbedingt. Man muss sich überlegen: Warum gibt es Hidden Champions wie Brasseler? Diese Unternehmen haben zwei Dinge geschafft – sie haben sich auf eine spitze Nische konzentriert, und sie haben es schon früh geschafft, zu internationalisieren. Das geht nur, wenn man innovativ ist.

Und es kommt noch mehr dazu. Wir sind – wie viele andere Unternehmen – sehr mitarbeiterorientiert, haben hoch qualifizierte Beschäftigte: typisch deutscher Mittelstand mit einer Fluktuation von unter einem Prozent. Die hohen Lohnkosten am Produktionsstandort Deutschland waren und sind eine Herausforderung. Wir haben schon vieles automatisiert, aber das ist irgendwann ausgereizt. Also müssen Sie sich als Verantwortlicher die Frage stellen: Was kann ich tun, um am Produktionsstandort Deutschland weiterhin wettbewerbsfähig zu bleiben? Viele Unternehmen haben versucht, mit ihrer Produktion in vermeintlich günstigere Länder zu ziehen. Für uns kommt das aber nicht in Frage, die Eigentümerfamilie steht zum Standort Lemgo. Es bleibt also nicht viel übrig, was Sie tun können, und so haben wir Industrie 4.0 als einen Hebel erkannt, um den Standort und die Wettbewerbsfähigkeit zu sichern.

Wer ist bei Ihnen für KI zuständig?

Wir haben keine neuen Data Analysten eingestellt, sondern uns unsere eigene Mannschaft angeschaut und uns gefragt: Wem trauen wir das zu? Dann haben wir intern ein Digital Engineering Team aufgebaut, Aufgaben umgeschichtet, die Kollegen in Weiterbildungen geschickt, damit sie Projekte zumindest beurteilen können. Das ist entscheidend: dass ich ein Problem selbst bewerten kann und mir dann den richtigen Partner hole.

Warum haben Sie keine eigenen KI-Spezialisten eingestellt, sondern arbeiten mit externen Dienstleistern?

Das ist eine strategische Frage, die man sich als Unternehmen unserer Größe stellen muss. Zunächst einmal komme ich ja gar nicht so einfach an Spezialisten – aufgrund unserer Größe und unseres Budgets fällt es schwer, die Champions League hier nach Ostwestfalen zu lotsen. Ganz davon abgesehen, dass Data Scientists augenblicklich schwer zu bekommen sind.

Deshalb ist es immer meine Strategie gewesen, frühzeitig Kooperationen zu suchen: mit Hochschulen, mit Industrieunternehmen hier aus der Region und auch mit Unternehmen wie Microsoft. Als kleiner Fisch im Teich muss man sich seine Verbündeten suchen, um zügig neue Technologien einzuführen.

Haben Sie Ihre Mitarbeiter gefragt, wer Interesse an KI-Projekten hat? Ist das wichtig?

Ja, die Motivation ist entscheidend. Sie müssen den Blick für die Menschen haben und die Richtigen fragen, ob sie sich vorstellen können, sich mit KI-Themen zu beschäftigen. Manche interessieren sich sehr und finden es toll, sich weiterzubilden. Und es ist natürlich auch cool, wenn man mal eine Videokonferenz mit dem Chefentwickler für Machine Learning von Microsoft in Seattle hat. Für Mitarbeiter kann es sehr motivierend sein, spannende Menschen kennenzulernen.

Ich war überrascht, wie schnell diese Mitarbeiter das Thema KI angenommen haben, ich hatte mir das viel schwieriger vorgestellt. Aber sie haben einfach gesagt: „Okay, wir machen das.“ Und sie haben angefangen. Ich glaube, man muss die Rahmenbedingungen schaffen und den Leuten Vertrauen entgegenbringen. Wenn sie dann auch noch Talent haben, dann kriegen die das hin.

Ist das auch eine Frage des Alters, dieses Mindset, diese Offenheit für Neues?

Alter ist ja relativ. Das sind alles ausgebildete Ingenieure, meist zwischen 30 und 40 Jahre – sie müssen ja eine gewisse Grundlagenkenntnis und Erfahrung haben. Vor allem aber ist es eine Frage von Begeisterung und von Vertrauen.

Müssen Sie als Geschäftsführer alles im Zusammenhang mit den KI-Projekten genau verstehen, oder können die Kollegen manches inhaltlich besser als Sie?

Letzteres auf jeden Fall, aber ein gewisses Grundgefühl sollten Sie schon selbst haben, was geht und was nicht geht.

Mit welchem Projekt haben Sie konkret begonnen?

Unsere Überlegung war: Um Herstellkosten zu senken, ist es ein großer Hebel, bestimmte Schleifmaschinen rund um die Uhr laufen zu lassen. Wir haben jetzt schon in weiten Teilen einen Dreischichtbetrieb, die Produktion ruht aber am Wochenende. Sonntagsarbeit ist nur mit Erlaubnis der Bezirksregierung möglich. Ziel ist eine Laufzeitverlängerung am Wochenende, und zwar ohne Betreuung durch Mitarbeiter – so könnten wir unsere Kapazität in manchen Bereichen um 30 bis 40 Prozent erhöhen. Voraussetzung wäre, dass Prozesse automatisch überwacht würden. Falls etwas schiefgehen sollte, müsste die Maschine das registrieren und sich gegebenenfalls selbst abstellen. Nun ist das Condition Monitoring, also die Zustandsüberwachung, ja ein Anwendungsfeld für KI und ML – und damit hatten wir unseren ersten Use Case.

Wie haben Sie ganz praktisch angefangen?

Unser Expertenteam musste zunächst einige Fragen klären: Welche Infrastruktur brauchen wir, um bei unseren Maschinen überhaupt eine Datenerfassung zu ermöglichen? Welche neue Hardware? Und welche Software, um große Datenmengen zu sammeln und auszuwerten? Wie schützen wir die Daten und Systeme? Dabei haben wir den großen Vorteil, dass wir schon immer einen Teil unserer Maschinen selbst gebaut haben, hier am Standort verfügen wir über nahezu 100 Jahre Erfahrung. Wir haben also die perfekte Kenntnis von Mechanik, Materialien und Geometrien und wir können direkt auf die Maschinensteuerung zugreifen. Sogar die Postprozessoren erstellen wir selbst, um CAD-Daten in CAM-Daten zu überführen. So können wir Geometrien schleifen, die man als Standard auf den gängigen Maschinen nicht findet.

Wie sind Sie dann vorgegangen?

Wir arbeiten mit Schleifscheiben aus einem Diamantkorngemisch. Diese Schleifscheiben unterliegen einem gewissen Verschleiß, insbesondere wenn sie besonders harte Materialien wie Hartmetall und Hartkeramik schleifen. Die Schleifscheiben müssen regelmäßig nachgeschärft, das heißt abgezogen werden – einerseits, weil sie mit der Zeit stumpf werden, und andererseits, weil die Geometrie der Schleifscheibe die Form des zu fertigenden Instruments beeinflusst. Schleifscheiben kosten Geld, und zu frühes Abziehen erhöht den Verbrauch an Schleifscheiben. Erfolgt das Abziehen aber zu spät, entsteht Ausschuss, und das wollen wir natürlich auch vermeiden. Die Frage lautet: Wie können wir zuverlässig vorhersagen, wann die Schleifscheibe stumpf sein wird? In der Vergangenheit war das dem Urteil des Werkers überlassen. Er hat die Produkte mit einer Lupe geprüft und dann entschieden, ob ein Nachschärfen, in der Fachsprache heißt das „Abziehen“, notwendig ist. Die Entscheidung, wann das passiert, ist im hohen Maß von der Erfahrung des Mitarbeiters abhängig.

Welche sinnvollen Parameter zur Überwachung gibt es dabei? Wie merkt man, dass es nicht mehr so läuft, wie es laufen sollte?

Unsere Hypothese war: Je stumpfer die Scheibe ist, desto größer wird der Stromverbrauch an den Maschinenachsen. Das hat physikalische Gründe: Wenn eine Scheibe stumpf wird, wird der Reibwiderstand größer – das Diamantkorn steht etwas aus der Schicht heraus, die Oberfläche wird bei Verschleiß größer, damit erhöht sich der Widerstand und folglich der Stromverbrauch. Wir sprechen allerdings über Dimensionen im Mikrobereich, die kann man nicht einfach am Stromzähler ablesen, dazu muss man die Stromdaten direkt an den Motoren abgreifen. Die Idee war, daraus ein Modell abzuleiten, das dem Werker ein Entscheidungskriterium auf Grundlage von Daten an die Hand gibt, wann er die Scheibe abziehen muss.

Woher haben Sie die Software bekommen?

Wir haben mit der Firma Weidmüller zusammengearbeitet, diese hat eine eigene Business Unit für Machine Learning und Künstliche Intelligenz gegründet. Die Region Ostwestfalen Lippe, kurz OWL, zeichnet sich durch hervorragende Netzwerke von Technologieunternehmen und Hochschulen aus. Generell ist das für mich der größte Wettbewerbsvorteil, den wir in Deutschland haben: Eine hervorragende Hochschullandschaft, die den Kontakt zur Wirtschaft sucht. Wir haben unser Problem und unsere Hypothesen gemeinsam überprüft und in der Software „Auto ML“ von Weidmüller modelliert. Beide Seiten haben dabei viel gelernt.

Wie weit sind Sie heute?

Wir haben die Verbindung zwischen Stromverbrauch und Verschleißgrad erfolgreich modelliert, so können wir Anomalien erkennen. Wenn auf einmal der Stromverbrauch in die Höhe schnellt, erkennen wir, dass etwas nicht stimmt – und halten dann gegebenenfalls die Maschine an. Wir arbeiten jetzt daran, den Prozess des Schleifscheibenabziehens zu standardisieren, und dann bin ich zuversichtlich, dass wir unser Fernziel erreichen können: eine Laufzeitverlängerung mit Wochenendschicht.

Wie hat sich die praktische Arbeit für die Mitarbeiter direkt an der Maschine verändert?

Jede Schleifmaschine hat zur Steuerung einen eigenen Rechner mit entsprechend großen Bildschirmen. Hier läuft jetzt zusätzlich das Modell zum Condition Monitoring – die Kollegen an den Maschinen können Stromverlaufskurven und abgeleitete Parameter zur Anomalieerkennung sehen. An einer Kennzahl, wann genau abgezogen werden sollte, arbeiten wir noch. Grundlage hierfür ist eine Wissensdatenbank und ein Modell, das gerade angelernt wird.

Sind die Mitarbeiter in der Produktion dieselben, die vorher auch schon dort gearbeitet haben?

Ja!

Mussten sie sich dafür weiterbilden?

Die Bedienung ist gar nicht so kompliziert – das Komplizierte ist das Modell, das die Ingenieure und Data Scientists von Weidmüller vorher gebaut haben. Die Anwender müssen letztendlich verstehen, was sie auf dem Monitor sehen. Und sie müssen bei einer Anomalie standardisierte Gründe zur Ursache angeben, dadurch lernt die Datenbank und entwickelt sich weiter. Generell ist es eine Arbeitserleichterung für die Kollegen, weil sie nicht mehr die Sorge und den Ärger haben, Ausschuss zu produzieren.

Besteht nicht die Befürchtung, dass die Maschine irgendwann ganz selbstständig arbeitet? Wenn sie das am Wochenende kann, warum dann nicht immer?

Natürlich ist Innovation immer auch mit Befürchtungen verbunden, weil Menschen eins und eins zusammenzählen können und sagen: Es ja nur eine Frage der Zeit, bis man mich hier nicht mehr braucht. Wir sprechen dieses Thema proaktiv an und machen deutlich, dass sich lange Laufzeiten nur bei entsprechenden Losgrößen rechnen. Unser Produktportfolio ist aber so vielfältig, dass wir oft kleinere Mengen produzieren – für 40 Instrumente kann ich die Maschine nicht am Wochenende laufen lassen. Wochenenden und Nachtschichten kommen also nur für besonders große Aufträge in Frage. Und bis ein Roboter das Umrüsten von Maschinen beherrscht und eine Verkettung von Arbeitsgängen möglich wird, gehen noch viele Jahre ins Land. Teilweise bedarf es dazu ganz anderer Maschinen.

Wir haben den Kollegen vor Augen geführt: Wir waren immer innovativ, und jetzt kommt das Nächste: KI. Das ist kein Selbstzweck, sondern hilft uns weiterzukommen – es ist Mittel zum Zweck, um Probleme zu lösen, Qualitäten zu verbessern und den Standort zu sichern.

Gab es für Sie auch Überraschungen in diesem Prozess?

Inhaltlich war es für mich schon eine Überraschung, dass wir für unsere Bedürfnisse gar keine „abgefahrene" KI brauchen, sondern dass wir mit klassischer Korrelation und Zeitanalysen schon einen Riesenschritt vorankommen. Das unterstützt meine Hypothese, dass man schlussendlich einmal die Infrastruktur geschaffen haben muss, um Daten zuverlässig zu erheben und zu speichern – dann kann man auch mit Standardverfahren schon sehr weit kommen.

Wie geht es weiter bei Ihnen?

Wir sind noch lange nicht am Ende. Das sind jetzt erste Erfolgserlebnisse, sozusagen Inseln. Wir sind noch weit davon entfernt, dass sich unsere 900 Maschinen von Geisterhand bewegen, sich beladen und verkettet miteinander arbeiten. Es macht aber sehr viel Spaß, sich damit zu beschäftigen. Es ist eine hochkomplexe Geschichte – es ist, wie wenn man ein hochwertiges Gericht kocht: Es muss viel zusammenkommen, damit es auch gut wird.

Stephan Köhler, Jahrgang 1967, ist Geschäftsführer Technik, Supply Chain Management und IT bei der Gebr. Brasseler GmbH und Co. KG in Lemgo.

Das Familienunternehmen **Gebr. Brasseler GmbH und Co. KG**, gegründet 1923, ist ein Spezialist für Medizintechnik. Als Hidden Champion ist es weltweit führend im Design und in der Produktion von rotierenden und oszillierenden Instrumenten für Dental- und Orthopädie-Medizin, produziert werden unter anderem klassische Zahnarztbohrer und Knochensägeblätter. Brasseler hat rund 1.200 Mitarbeiter im ostwestfälischen Lemgo, dem Stammsitz und einzigen Produktionsstandort. In Frankreich, Italien, Österreich und den USA ist das Unternehmen mit eigenen Vertriebsgesellschaften vertreten, die Produkte werden in über 100 Ländern verkauft.

Aus der Praxis: KI im Maschinenbau

„Mein Plädoyer: Einfach anfangen"

Wie etabliert man KI-Methoden in einem Unternehmen? Wie fängt man an, welche Anwendungen sind sinnvoll, und wie überwindet man Hürden? *Thomas Islinger* war jahrelang treibende Kraft bei einem Mittelständler im Maschinen- und Anlagenbau, wenn es um KI-Projekte ging. Mittlerweile ist er selbstständiger Berater.

Sie sind in Ihrem Unternehmen zuständig für KI-Projekte. Was bedeutet das konkret?

Zunächst einmal: Ich bin kein KI-Spezialist, ich habe aber ein gutes Überblickswissen und beschäftige mich seit Jahren mit den Möglichkeiten, die KI für Unternehmen bietet – nämlich vor allem, wie man ganz konkrete Probleme auf eine neue Art und Weise lösen kann. Dazu muss ich nicht unbedingt alles selbst machen. Ich muss aber wissen, was man mit KI machen kann, die technischen Zusammenhänge kennen und die Machbarkeit abschätzen können.

Können Sie ein konkretes Beispiel nennen?

An einer Anlage gab es immer wieder Stillstände – jahrelang hat niemand den Fehler gefunden, weder die Techniker noch die Serviceleute. Wir haben irgendwann gesagt: Wir versuchen es ganz anders – und zwar mit einer KI-Methode. Dazu haben wir alle Daten genommen, die sowieso von der Anlage generiert wurden, vor allem zu bestimmten Arten von Drücken. Ich habe einem Mathematiker die Daten von mehreren Monaten gegeben – nur die Rohdaten, er wusste noch nicht einmal, dass es sich um Drücke handelte. Und er konnte tatsächlich ein Muster, ein sogenanntes Pattern erkennen. Auf dieser Grundlage haben wir festgestellt, dass es immer bei einer bestimmten Relation von Druck und Niveau zum Not-Aus gekommen ist – und wir konnten schließlich sogar statistisch vorhersagen, wann es wieder einen Ausfall geben würde, und das ohne Kenntnis der Anlage und der Technik. Dieses Ergebnis haben wir auf die Anlage übertragen, bestimmte Einstellungen verändert und damit die Fehler auf die Hälfte reduziert. So etwas fasziniert mich.

Was genau ist es, das Sie fasziniert?

Mich fasziniert, dass man als Nichtfachmann ein Problem an einer Anlage lösen kann. Ein Mathematiker ohne Detailkenntnisse hat den entscheidenden Hinweis gegeben, wir haben quasi aus der EDV heraus ein Problem gelöst.

Wie kann ein kleines oder mittleres Unternehmen ganz praktisch mit KI-Projekten anfangen?

Am besten fragen Sie sich: Was gibt es für ein Problem im Unternehmen, das man nicht einfach mit vorhandenen Methoden lösen kann? Das kann ein technisches oder ein Prozessproblem sein. Wenn die Fertigung immer wieder Probleme mit einer Maschine hat und die üblichen Ansätze nicht weiterführen, dann werden die Kollegen bereit sein, eine ganz neue Methode auszuprobieren – gerne auch eine KI-Methode.

Man kann wirklich an jeder Ecke einsteigen – in der Produktion, in der Fertigung, bei einem Kundenprojekt. Mein Plädoyer ist ganz klar: einfach anfangen. Am Anfang brauchen Sie gar nicht unbedingt interne Spezialisten. Sie brauchen jemanden, der das Problem kennt und der ein Überblickswissen hat – eine Vorstellung davon, wie man Probleme mit KI lösen kann. Dann sucht man sich eine KI-Firma aus dem Internet, und jemand muss das ganze organisieren.

Sollte man auf Dauer besser interne KI-Spezialisten aufbauen oder geht es auch mit externen Dienstleistern?

Wer im Unternehmen keine KI-Spezialisten hat, kann die großen Projekte auch über externes Consulting machen. Wer beispielsweise im EDV-Team schon Mathematiker aufgebaut hat, die mit Analyseverfahren umgehen können, braucht jemanden, der sich intensiv um KI-Themen kümmert. Wenn man ein internes Team aufbaut, dann sollte man keinem Kollegen das Thema KI aufdrücken, sondern gucken, wer dafür affin ist. Man braucht Leute, die sich von sich aus mit dem Thema beschäftigen

Was ist mit der Soft- und Hardware?

Man kann am Markt Geräte kaufen, die alle Steuerungsdaten auslesen und auf einem Bildschirm visualisieren können. Dort kann man einen Speicher anschließen, damit hat man schon mal alle Daten. Die kann man in eine Cloud schicken und Mathematiker nach Pattern suchen lassen. Als Ergebnis bekommt man eine Aussage wie: Hier sind Auffälligkeiten, dieses Muster kommt dreimal am Tag vor und zweimal in der Woche verstärkt und das hier verändert sich. Damit wiederum geht man zum Techniker des Unternehmens und bespricht mit ihm: Was lesen wir daraus? Software und Mathematiker sehen nur die Muster und Anomalien, wissen aber nicht, was dahintersteckt. Eine Bilderkennung weiß ja auch nicht: Das ist ein Hund. Sondern sie sagt: Das sieht aus wie viele andere Bilder, die als „Hund“ definiert wurden.

Man muss also nicht die gesamte Anlage umbauen, um mit der KI zu beginnen?

Nein, in der Regel genügen die vorhandenen Sensoren zunächst einmal völlig aus. Entscheidend ist, dass man die Daten speichert und analysiert – damit kann man schon sehr viele Fragen beantworten. Heute mangelt es meist nicht an Sensoren und an der Datenerzeugung, sondern an der zielgerichteten Analyse und Nutzung der Daten.

Ein ganz einfaches Beispiel: Man baut in ein Auto einen Sensor ein, der die X-, Y- und Z-Bewegungen aufzeichnet, der kostet nur ein paar Euro. Man nimmt diese Bewegungsdaten, dazu einen räumlichen Punkt und eine konkrete Zeit, mehr braucht man nicht. Man zeichnet nun mit dem Sensor auf, wann und wie das Auto bewegt wird. Nach zwei Wochen kann ich schon ein Pattern erkennen, ein Muster: einen Bewegungszyklus zu einem bestimmten Zeitpunkt, acht Stunden später wieder einen, dann 16 Stunden danach. Und wieder acht Stunden und wieder 16 Stunden. Dann plötzlich schon nach sechs Stunden, dann zwei Zyklen mit wirren Daten. Was sagt mir das? Ich kann ablesen, wann Wochentage sind und wann Wochenende. Und ich stelle vielleicht fest: Montags ist der Zyklus anders als dienstags und mittwochs. Warum? Weil am Montagmorgen mehr Autos auf der Straße sind. Das kann man immer weitertreiben: Wenn ich mir die Daten von einem ganzen Jahr anschaue, kann ich sagen, wann Sie im Urlaub waren, ob Sie mit dem Auto im Urlaub waren, ob Sie nur zum Flughafen gefahren sind und das Auto dann vier Tage lang gestanden hat. Und ich kann aus der XY-Bewegung herauslesen, ob Sie in den Alpen im Urlaub waren oder am Meer – und wann jemand anderes mit einem anderen Fahrstil gefahren ist.

Was glauben Sie: Warum tun sich viele Unternehmen immer noch so schwer mit der Einführung von KI-Projekten?

Es ist meistens eine Frage der Unternehmensführung: Viele halten solche Projekte für zu neu und zu riskant. Und ja: KI-Projekte bedeuten natürlich Investitionen, man sieht vielleicht nicht sofort einen Nutzen, wenn man es nicht in einer hohen Intensität betreibt. Es kann schon mal drei oder vier Jahre dauern, bis es sich lohnt. Und in der derzeitigen Situation scheuen sich viele Unternehmen auf Vorstandsebene, dieses unternehmerische Risiko mitzugehen.

Diese neuen Technologien und die damit verbundenen Veränderungen bedeuten für die Menschen auch eine große persönliche Herausforderung. Für diese Ideen zu arbeiten, fordert hohes Engagement und Bereitschaft, sich in Neues einzuarbeiten und altes Wissen zu ergänzen. Damit sind auch vertraute Arbeitsweisen umzustellen. Für das Management bedeutet dieser Mind-Change eine große Herausforderung in der Personalführung.

Was ist Ihr nächstes Projekt?

Die Digitalisierung bietet nicht nur mit KI eine neue Methode der Problemlösung, deshalb interessiert mich derzeit auch das Model Based Engineering. Heute hat man von einer Anlage viele verschiedene Pläne und Zeichnungen – wie CAD-Zeichnung, Elektroplan, Elektroschema und so weiter. Das ist immer domänenspezifisch, man hat aber nirgendwo die ganze Funktion in einer einzigen Darstellung. Die Bezüge der Funktionen einer Anlage zueinander ist bisher reines Kopfwissen der Mitarbeitenden. Wenn heute an einer Anlage beispielsweise die Spannungsfrequenz von 50 Hertz auf 60 Hertz geändert wird, dann brauche ich Spezialisten aus allen Sparten, die sagen, was man berücksichtigen muss. Ich würde gerne den gesamten Businessprozess und den Geschäftsprozess in einem Gesamtmodell verknüpfen, um den Änderungsprozess zu automatisieren. Das Modellieren, das Strukturieren, das Konfigurieren und das semantische Integrieren sind weiter zukunftsfähige Methoden.

Thomas Islinger, Jahrgang 1958, war bis Juni 2021 als Leiter des Bereichs Digitalisierung und Systems Engineering in der Forschungs- und Entwicklungsabteilung eines mittelständischen Unternehmens für KI-Projekte verantwortlich und ist jetzt selbständiger Berater: www.aumela.de.

Aus der Praxis: KI in einem mittelständischen Unternehmen

„Lasst uns kreativ und mutig KI-Lösungen entwickeln und nutzen“

Vor welchen praktischen Herausforderungen stehen KI-Experten in Unternehmen? Sind fertige KI-Lösungen eine gute Idee? Warum tut sich der deutsche Mittelstand noch so schwer bei diesem Thema? *Dr. Mike Mücke* und *Thomas Bischoff* vom Elektrotechnik-Spezialisten Phoenix Contact geben ihre Antworten.

Phoenix Contact und KI: Wo stehen Sie, was machen Sie?

Dr. Mike Mücke: Im Unternehmen gibt es mehrere Entwicklungsgruppen, die im Rahmen ihrer Projekte Künstliche Intelligenz einsetzen, wenn es sinnvoll und nutzbringend ist. Bei Phoenix Contact entwickeln wir KI-Lösungen auch selbst und nutzen sie zur Optimierung interner Prozesse, zur Lösung anstehender Aufgaben und um unsere Produkte noch besser zu machen.

Die ganz konkreten Anwendungen sind vielfältig. Unseren Kunden stellen wir beispielsweise Produkte wie IoT-Gateways und Steuerungen bereit, die sie befähigen, eine Infrastruktur zur Datenbereitstellung aufzubauen und die ihnen die Möglichkeit geben, das Potenzial von KI-Technologien zu nutzen. Wir entwickeln auch KI-Software zur internen Verwendung. Für unsere Tochterfirma Protiq entwickeln wir aktuell KI-Systeme, mit deren Hilfe wir zukünftig nicht nur die Herstellbarkeit eines additiv oder spanend gefertigten Artikels vorhersagen, sondern auch gleich den zu erwartenden Aufwand kalkulieren können. Klassische Algorithmen versagen hier bislang immer noch, da die zu fertigenden Artikel, insbesondere aus dem Bereich des Prototyping, einer immensen Diversität unterliegen und daher nicht klassifizierbar sind. Unsere KI greift hier auf von uns bereits erstellte oder gefertigte Produkte zurück, erlernt deren wesentliche Merkmale und kann diese anschließend auf völlig neue Artikel übertragen. Bei uns im Unternehmen nehmen Dienstleistungen und Lösungen mittels KI stetig zu, nicht zuletzt aufgrund des enormen kreativen Potenzials unserer Kollegen.

Was ist bei Phoenix Contact das Ziel von KI-Anwendungen?

Mücke: Die meisten Projekte entstehen durch ein Problem, das wir lösen möchten. Da schauen wir: Welche Ansätze stehen zur Verfügung? Wie weit kommen wir damit?

Thomas Bischoff: Außerdem wollen wir weg von Aufgaben, die sich ständig wiederholen – von stupiden Aufgaben, die auch ein Roboter übernehmen kann.

Welche Herausforderungen müssen Sie dabei meistern?

Mücke: Eine große Herausforderung ist das Erheben von Daten. Man stellt sich das so einfach vor, aber in der Praxis reichen die Daten oft nicht aus, sind unvollständig, nur teilweise von Aussagekraft und über verschiedene Quellen verteilt. Es geht nicht darum, einfach nur eine Masse an Daten zu haben – man braucht vor allem eine hohe Qualität: Daten, die aussagekräftig sind und genau die Informationen beinhalten, die die Fragestellung betreffen.

Das Problem fängt oft schon bei der Beschaffung der Daten an, zum Beispiel weil es an einer Maschine oder Datenverwaltungssoftware keine Schnittstelle zum Auslesen der entsprechenden Daten gibt. Hier kann es sein, dass man im ersten Schritt eigene pragmatische Hilfstools schreiben muss, um weiterzukommen.

Wie ist Ihre Erfahrung: Sollte man KI-Expertise im Unternehmen bündeln oder im Haus verteilen?

Bischoff: Es ist gut, wenn man ein Kernteam hat, an das sich alle wenden können, wenn sie ein Problem haben. Es ist aber auch wichtig, in den einzelnen Bereichen Leute zu haben, die die Grundlagen von KI verstehen – die überhaupt eine Idee haben, was man mit einem KI-Ansatz lösen kann und was nicht.

Mücke: Das sehe ich auch so. Eine gewisse Zentralisierung ist notwendig, das Thema ist ja nicht trivial. Dazu braucht man schon ein Team – und am besten ist es, wenn man innerhalb des Teams auch noch differenzieren kann, damit sich die Teammitglieder spezialisieren können. Sehr wichtig ist darüber hinaus auch die Anbindung an die Produktionsbereiche, deren Produkte und Lösungen verwendet werden, und an die Fachbereiche, deren Fachwissen unverzichtbar ist. Wie schon erwähnt sind wir Hersteller von industriellen IoT-fähigen Komponenten für die Datenbereitstellung. Gleichzeitig wenden wir aber auch unsere Produkte selbst in KI-Projekten an und merken dabei, wie diese Produkte für den Anwendungsfall noch weiter optimiert werden können. Das führt zu positiven Rückkopplungseffekten zwischen Produktentwicklung und Anwendung, denn die Entwicklung von KI-Technologien ist Teamwork.

Was halten Sie von „fertigen" KI-Lösungen für Unternehmen?

Mücke: Das ist auf jeden Fall ein wichtiger Ansatzpunkt – es gibt ja viele Unternehmen, die noch nicht so weit sind wie Phoenix Contact. Bei uns intern gibt es zum Beispiel ein kleines Start-up, das ein Framework entwickelt hat und es Open Source, also für alle bereitstellt. Ich finde, das ist eine gute Idee und ich hoffe, dass das erfolgreich sein wird. So etwas brauchen wir in der KI: ein industrielles KI-Framework für Standardprobleme, das auch kleinere Unternehmen nutzen können. Man muss nicht immer gleich das Rad komplett neu erfinden. Man kann mit KI-Technologien auch erst einmal einfachere Probleme angehen, man muss sich einfach mal trauen.

Bischoff: Es gibt ja schon Programme, die man nur anwenden muss. Die großen Anbieter stellen immer mehr automatisierte Lösungen zur Verfügung, die sich ein Unternehmen einfach einspielen kann.

Mücke: Ich bin einerseits sehr beeindruckt, was etwa von Google und seinem Tochterunternehmen DeepMind auf die Beine gestellt wird. Andererseits: Wenn man zum Beispiel Bibliotheken von Google nutzt, macht man sich davon abhängig. Das muss einem bewusst sein, und das muss man einkalkulieren.

Woher bekommt man passende KI-Mitarbeiter? Intern weiterbilden oder extern suchen?

Mücke: Man sollte beide Wege gehen. Es ist wichtig, selbst Mitarbeiter auszubilden – ein guter Fußballverein trainiert seine Spieler ja auch von klein auf selbst. Aber zusätzlich holt er sich Profis von außerhalb, die neues Know-how mitbringen.

Bischoff: In der Praxis ist es sowieso nicht so einfach, die richtigen Leute zu finden. Ich habe vor Kurzem jemanden aus einem DAX-Unternehmen gefragt, wie sie an gute KI-Leute kommen. Die Antwort war: Es gibt nur zwei Wege – sehr viel Geld oder interessante Daten. Die richtigen Mitarbeiter zu finden ist auf jeden Fall eine Herausforderung, auch für die großen Firmen.

Warum wird denn nicht genug ausgebildet?

Bischoff: Vielen ist offenbar noch gar nicht bewusst, welche Kompetenzen zukünftig gebraucht werden.

Mücke: Ich kenne allerdings auch Experten, die sich auf hohem Niveau mit KI beschäftigen und trotzdem in Deutschland gar nicht so einfach einen passenden Job im KI-Bereich finden. Das liegt auch daran, dass viele Unternehmen noch nicht so weit vorangeschritten sind, dass sie sich wirklich an das Thema heranwagen. In der Praxis müssen KI-Spezialisten in Unternehmen oft erst einmal Pionierarbeit leisten, weil das Thema hier längst noch nicht so verankert ist wie beispielsweise in China und den USA, wo viele Unternehmen schon Milliardenumsätze mit KI machen.

Wo sehen Sie Deutschland in Sachen KI?

Mücke: Ich glaube, in Deutschland verpassen wir gerade den Zug – der ist längst losgefahren, und wir müssen jetzt dranbleiben und Gas geben. Wir haben in Deutschland und Europa das Potenzial und Experten, doch es gibt noch viel zu tun, ob in der Infrastruktur zur Erstellung von KI-Technologien, der Weiterbildung, der Datenbereitstellung oder dem Austausch mit der Wissenschaft. Wir brauchen den Mut, auch mal zu scheitern.

Bischoff: Das Mindset hier muss sich dringend ändern. Viele, die heute mit KI konfrontiert werden, haben Angst um ihren Arbeitsplatz. Sie verstehen nicht, dass sie sich weiterbilden müssen – man muss heute davon ausgehen, dass man alle fünf bis zehn Jahre einen neuen Job haben wird, weil sich die Technik so schnell entwickelt. Man muss allen klarmachen: Ihr müsst euch weiterbilden.

Es gibt immer wieder Bedenken gegenüber KI. Wie erleben Sie das?

Bischoff: Wenn man über KI spricht, denken viele zuerst an Terminator und ähnliches. Diese Beobachtung teilen viele aus der KI-Szene.

Mücke: Ich habe den Eindruck, je weiter man davon entfernt ist, desto größer sind die Ängste – die meisten Ängste kommen wohl durch Unwissenheit. Wenn ich nie mit KI zu tun hatte, kann ich das nicht einschätzen. Deshalb ist es wichtig, sich mit KI zu beschäftigen. Unser menschliches Gehirn übersteigt in Rechnerpower und Komplexität noch um ein Vielfaches heutige KI-Lösungen. Aktuell geht es eher um die Optimierung von Regelalgorithmen. Die Anwendung von KI-Technologien, die letztendlich clevere mathematische Algorithmen sind, erlauben es uns, Prozesse zu verbessern – sie zum Beispiel energetisch zu optimieren oder sehr komplexe Fragestellungen durch lernende Algorithmen zu lösen, die durch den Menschen und damit auch durch analoge Programmierung nur unzureichend gelöst werden können.

Bischoff: Manchmal ist es aber vielleicht auch ganz gut, wenn man unwissend ist. Wir haben bei uns einige KI-Produkte out of the box eingeführt, die also sofort zur Verfügung standen. Ich glaube, viele Kollegen wissen bis heute nicht, dass sie seitdem von einer KI unterstützt werden – das wird nämlich oft gar nicht KI genannt, sondern zum Beispiel „Invoicing Workflow“. Die Leute nutzen es gerne, weil es ihnen die Arbeit sehr erleichtert und sie nicht mehr alles per Hand machen müssen. Am besten sagt man: Wir lösen ein Problem. Und nicht: Wir machen jetzt KI.

Herr Bischoff, Sie engagieren sich auch in externen KI-Initiativen. Was machen Sie dort?

Bischoff: Ich bin Mitgründer der AICommunityOWL und zugleich stellvertretender Vorsitzender im Arbeitskreis „AI for Industrial Automation“ vom Zentralverband der Elektroindustrie ZVEI. Ziel bei beiden ist es, KI in Deutschland voranzutreiben.

Was machen Sie konkret?

Bischoff: In der AICommunityOWL, die wir 2020 gegründet haben, wollen wir KI in der Forschung und in Unternehmen vorantreiben. Dafür bieten wir zum Beispiel Workshops und Hackathons an. Mit der Task Force des ZVEI versuchen wir, KI in die Produkte und an den Markt zu bringen. Darin sind viele Unternehmen vertreten, und im Prinzip haben wir alle die gleichen Probleme – zum Beispiel, dass man nicht weiß, wie man überhaupt an die Daten in den Maschinen herankommt. Da kommen wir ins Spiel, als Unterstützung bei der Erstellung neuer Anwendungsfälle für die verschiedenen Stakeholder. Wir möchten die Zusammenarbeit zwischen den Unternehmen fördern, vielleicht auch als Joint Ventures oder ähnliches. Solche Initiativen gibt es mittlerweile auch von Großunternehmen: Sie bilden eine große Cloud und bringen ihre Daten zusammen, um gemeinsam KI-Lösungen zu finden. Wir im Arbeitskreis beschäftigen uns mit der Erforschung des Potenzials von KI für die industrielle Automation.

Wie erfolgreich sind Sie in der Überzeugungsarbeit, dass Unternehmen enger zusammenarbeiten sollten?

Bischoff: Es ist sehr, sehr mühsam. Dabei ist oft nicht die Technik das Problem, da würden wir ja helfen – es geht eher um das Mindset, das sich ändern muss. Viele Unternehmen wollen ihre Daten nicht herausgeben, auch nicht bei Kooperationen. Dabei könnte das sehr helfen. Eine Firma im Netzwerk zum Beispiel hatte über ein Jahr lang ein Problem, das sie nicht lösen konnte. Dann hat sie mit anderen kooperiert, ihre Daten herausgegeben und jetzt Lösungsansätze bekommen, an die vorher niemand gedacht hat – durch eine Art Schwarmintelligenz. Es arbeiten viele Leute mit unterschiedlichen Fähigkeiten zusammen, ergänzen sich und nutzen Synergieeffekte.

Was würden Sie sich wünschen für Deutschland?

Mücke: Für uns wünsche ich mir, dass wir zwischen den Ebenen Gesellschaft, Wissenschaft, Industrie und Wirtschaft mehr zusammenarbeiten und uns besser austauschen, uns auch mehr trauen und gemeinsam KI-Technologien sozial, ökologisch und nachhaltig entwickeln.

Bischoff: Ich wünsche mir mehr Offenheit. Ich würde zum Beispiel mal ein Lab anbieten für Mitarbeiter aus Unternehmen, die Lust auf KI haben. Die sollen gemeinsam mit Experten etwas umsetzen – am besten außerhalb ihres Betriebs, damit sie sich freier und kreativer bewegen können. Und was ich mir auch wünschen würde: Lasst die KI-Kreativen doch mal 14 Stunden am Stück und die ganze Nacht durcharbeiten! Wenn die mal im Flow sind, wollen sie nicht nach zehn Stunden aufhören. Manchmal behindert das deutsche Arbeitsrecht die Kreativität. In China und Kalifornien arbeiten sie schon mal drei Tage durch, dann haben sie eine Lösung. Anschließend gehen sie drei Tage surfen.

Dr. Mike Mücke, Jahrgang 1982, hat Mathematik und Physik studiert und entwickelt seit zwölf Jahren Software und KI-Algorithmen. Er ist Technologiemanager Software bei Phoenix Contact im Technology Center, hier entwickelt er KI-basierte Softwarelösungen.

Thomas Bischoff, Jahrgang 1967, ist bei Phoenix Contact in der Abteilung Digital Processes and Solutions tätig. Zugleich ist er Mitgründer der AICommunityOWL und stellvertretender Vorsitzender im Arbeitskreis „AI for Industrial Automation" des ZVEI.

Phoenix Contact

Die Phoenix Contact GmbH & Co. KG ist auf Komponenten, Systeme und Lösungen im Bereich der Elektrotechnik, Elektronik und Automation spezialisiert. Das 1923 gegründete Unternehmen ist weltweit tätig und hat heute rund 17.400 Mitarbeiterinnen und Mitarbeiter. Stammsitz ist Blomberg in Ostwestfalen-Lippe.

AICommunityOWL

Die AICommunityOWL wurde 2020 als privates Netzwerk gegründet, um das Thema KI in Forschung und Industrie voranzutreiben und Lösungen für die Herausforderungen der Zukunft zu entwickeln. Die Initiative bietet unter anderem Workshops und Hackathons an. Zu den Gründern zählen Mitarbeiter von Phoenix Contact, Fraunhofer IOSB-INA, der Technischen Hochschule Ostwestfalen-Lippe und dem Centrum Industrial IT in Lemgo.

Arbeitskreis „AI for Industrial Automation" des ZVEI

Der Arbeitskreis wurde 2020 als Taskforce Künstliche Intelligenz im ZVEI gegründet und im Januar 2021 als Arbeitskreis „AI for Industrial Automation" etabliert. Ziel ist es, die Erfahrungen der „First Mover" in neuen KI-Anwendungsfällen zu teilen und das Potenzial für KI zur Unterstützung von kollaborativem Engineering zu erforschen. Der AK bietet Unterstützung bei der Erstellung neuer Anwendungsfälle für die verschiedenen Stakeholder, inklusive KMU.

Teil 5: Forschungs- und Firmenkooperationen

Gerade für den Mittelstand lassen sich KI-Lösungen oft nicht vollständig im Alleingang entwickeln – und das ist auch gar nicht unbedingt notwendig. Es gibt vielfältige Möglichkeiten, mit anderen Firmen, aber auch mit Forschungsorganisationen und mit Hochschulen zu kooperieren. Dazu einige wichtige Tipps – und anschließend Berichte aus der Praxis von

- ***Christian Frey* vom Fraunhofer-Institut für Optronik, Systemtechnik und Bildauswertung über Kooperationen zwischen Unternehmen und Hochschulen sowie**
- ***Alois Krtil* vom ARIC e.V. über Organisationen, die Wirtschaft und Wissenschaft zusammenbringen, um Unternehmen den Einstieg in die KI zu erleichtern.**

Kooperationen: 7 Tipps für den Einstieg

Was sollte ein mittelständisches Unternehmen bei einer Kooperation mit anderen Firmen, Forschungsorganisationen oder Hochschulen beachten? Sieben Tipps für den Einstieg.

Frühzeitig eine KI-Strategie entwickeln

Viele Unternehmen starten mit ungeeigneten ersten Projekten, und nach einem ersten fehlgeschlagenen KI-Projekt folgen selten weitere Aktivitäten. Besser ist es, wenn Firmen bereits früh eine KI-Strategie entwickeln – mit „Quick-Wins“ durch erste kleine Projekte kombiniert mit langfristigen Aktivitäten, beispielsweise der Etablierung einer KI-Plattform zur Sicherstellung der Datenbasis. Bei der Entwicklung einer solchen KI-Strategie können externe Experten das Unternehmen unterstützen, die von Organisationen wie Fraunhofer, von regionalen KI-Transferorganisationen – beispielsweise in Norddeutschland vom Artificial Intelligence Center Hamburg, ARIC –, von Hochschulen oder aus KI-Firmen kommen. Entscheidend ist, dass die externen Experten KI-Erfahrung in der speziellen Branche besitzen.

Eigenes Methodenwissen aufbauen

Ohne ein Mindestmaß an Methodenwissen innerhalb des Unternehmens lassen sich KI-Lösungen kaum erfolgreich kommerzialisieren. Ein erster Schritt kann die Weiterbildung von Mitarbeitenden sein – für eine Kommerzialisierung wird aber auch tieferes Wissen benötigt. Dies kann über Forschungsprojekte aufgebaut werden, bei denen Experten aus der Forschung direkt mit dem Unternehmen zusammenarbeiten. In Frage kommen zum Beispiel

- Universitäten: Sie haben traditionell einen starken Forschungsfokus und arbeiten in Projekten in der Regel mit Promovierenden.
- Hochschulen der angewandten Forschung (Fachhochschulen): Sie sind in der Forschung oft stärker auf den Technologietransfer fokussiert als Universitäten.
- Fraunhofer: Die Fraunhofer-Gesellschaft ist eine Forschungsorganisation mit dem Auftrag zum Technologietransfer in Richtung Wirtschaft.
- Max-Planck-Gesellschaft und Helmholtz-Gemeinschaft: Beide Organisationen sind ebenfalls in diesem Themenfeld als Forschungseinrichtungen tätig.

Entscheidend ist dabei für das Unternehmen, den passenden Forschungspartner auszuwählen. Oft erfolgt die Auswahl in der Praxis basierend auf existierenden Kontakten und Netzwerken statt auf Basis von Inhalten. Dies ist kritisch, da das Unternehmen über Jahre an den Partner gebunden ist, ihm aber nur neues, aktuelles Wissen später einen Marktvorsprung bringen wird. Deshalb sollte die Wahl des passenden Forschungspartners gut durchdacht werden – häufig können dabei auch regionale KI-Transferorganisationen helfen, die verschiedene Kooperationspartner kennen. Hat das Unternehmen Interesse an einem bestimmten Forscher, kann es die wichtigen Fakten meistens einfach ermitteln: Forscher veröffentlichen Paper und frühere Projekte frei auf ihren Internetseiten, diese lassen sich untereinander vergleichen.

Förderungen beantragen

Der Staat bietet unterschiedliche Möglichkeiten an, Forschungsprojekte zu fördern. Ziel ist es, das Risiko der Firmen zu verringern, normalerweise werden Projekte anteilig gefördert. Die meisten Förderungen sind wettbewerblich: Der Bewerber muss eine Projektskizze einreichen, die dann von Experten im Wettbewerb zu anderen Skizzen beurteilt wird. In jedem Fall sollten interessierte Unternehmen einen Forschungspartner auswählen, der es bei der Auswahl des Fördertopfs und bei der Skizze unterstützt.

Fördertöpfe gibt es zum Beispiel:

- von den Ministerien des Bundes und der Länder: Aktuelle Fördertöpfe, oft mit einem Einreichungsdatum versehen, finden sich auf den Internetseiten der Ministerien;
- von der EU: Die Skizzen für EU-Förderungen sind oft aufwändiger, und man benötigt einige Erfahrung mit EU-Projekten;
- speziell vom Wirtschafts- und vom Forschungsministerium des Bundes insbesondere zur Förderung mittelständischer Betriebe;
- speziell vom Wirtschafts- und Forschungsministerium für Verbundprojekte, in denen mehrere Firmen und Forscher zusammenarbeiten.

Innovation vor Pragmatismus stellen

Innovation ist in der Praxis oft der Feind von Pragmatismus. Was ist damit gemeint? Wenn Unternehmen ihren Forschungsbedarf definieren, wird häufig an die als nächstes geplanten Produkte gedacht. Dadurch entstehen sehr pragmatische Forschungsziele, die möglichst innerhalb der folgenden Monate erfüllt werden sollen. Das ist zwar verständlich und firmenintern oft gut durchsetzbar – mit dieser Strategie werden jedoch Chancen verspielt, mit ganz neuen Produkten in neue Märkte vorzudringen. Ohnehin ist eine Zusammenarbeit mit Forschungsorganisationen bei längerfristigen, innovativen Projekten einfacher, weil sich die Forscher weniger in die aktuellen Firmenprodukte und Prozesse einarbeiten müssen, und ohnehin peilen Forschungsprojekte üblicherweise eher einen Markthorizont von mehr als drei Jahren an.

Zusammenarbeit zwischen Forschung und Mitarbeitern fördern

Forschungsprojekte sind in den meisten Unternehmen Fremdkörper, separiert von der Entwicklungsabteilung und vom Produktmanagement. Leider führt das dazu, dass es viele gute Forschungsergebnisse nach Ende des Projekts nicht in Produkte schaffen. Eine Lösung ist eine klare Strategie bereits bei Projektstart, wie die Lücke zwischen guten Forschungsergebnissen und neuen Produkten geschlossen werden kann. Dazu müssen einerseits Investitionsmittel bereitgestellt werden, andererseits ist die Integration von Mitarbeitern aus Entwicklung und Produktmanagement in die Forschungsprojekte sowie die spätere Integration von Mitarbeitern der Forschungsprojekte in andere Firmenbereiche entscheidend.

Mit Software-Firmen kooperieren

KI-Lösungen sind softwareintensiv, doch gerade Firmen aus dem produzierenden Gewerbe haben oft geringe Ressourcen in der Softwareentwicklung und vor allem bei der späteren Produktwartung und Weiterentwicklung. Gerade in diesem Bereich bieten sich oft Kooperationen mit externen Firmen aus dem Bereich der Softwareentwicklung – am besten mit KI-Erfahrung – an.

Einsatz von externen Softwarelösungen

KI-Lösungen basieren heute in den meisten Fällen auf Daten und deren Nutzung. Datenhaltung und -nutzung sind aber komplexe Systeme, die Firmen nur in Ausnahmefällen für ein Produkt neu entwickeln können. Eine Lösung sind die vielen bereits existierenden Daten- und KI-Plattformen, auf deren Basis Firmen eigene Produkte entwickeln können. Hier bieten sich direkte Kooperationen mit Plattformherstellern an oder es sollten Standardsoftwarelösungen zugekauft werden.

Aus der Praxis: Kooperation zwischen Forschung und Unternehmen

„Unser primäres Ziel ist es, angewandte Forschung zu betreiben“

Bei der Entwicklung von KI-Lösungen haben Unternehmen die Möglichkeit, mit Hochschulen und Forschungseinrichtungen zu kooperieren. Wie läuft so eine Zusammenarbeit in Forschungsprojekten ab? *Christian Frey* vom Fraunhofer-Institut für Optronik, Systemtechnik und Bildauswertung über die lange Geschichte der KI, intelligente Bohrmaschinen und das Potenzial von Bestandsanlagen.

Für welche Art von Projekten eignet sich eine Kooperation zwischen Unternehmen und wissenschaftlichen Instituten?

Generell für alle. Wir von Fraunhofer sind vor allem an angewandter Forschung interessiert, und da bietet sich eine Zusammenarbeit mit Unternehmen natürlich an. Wir haben viele Industriekunden – ihnen geht es vor allem um die Optimierungspotenziale ihrer Produktionsanlagen in den Bereichen Energie, Produktionsgüte, Qualität, Ausschussreduzierung. Häufig ist es aber auch der Fall, dass ein Unternehmen ein konkretes Problem hat und es mit Hilfe von KI lösen möchte.

Wie läuft so ein Forschungsprojekt praktisch ab?

Das hängt sehr von der Komplexität der Aufgabe ab. Man kann nicht pauschal sagen, mit wie vielen Leuten wir für wie lange ins Unternehmen gehen. In der Regel kommen wir zunächst mit einigen Experten, um mit den Verantwortlichen im Unternehmen zu klären, was sie sich vorstellen.

Wir haben bei Fraunhofer ein strukturiertes Vorgehensmodell in sechs Phasen entwickelt, das sich bewährt hat: Zieldefinition, Proof of Concept, Systemspezifikation, Umsetzung und Inbetriebnahme, Übergabe, Betrieb. Zunächst müssen wir ermitteln, was das Ziel ist. Geht es dem Unternehmen vor allem um die Optimierung der Produktqualität oder um die Laufzeit der Anlage oder um den Energieverbrauch? Auf Grundlage dieser Zieldefinition wird dann anhand von historischen Prozessdaten oder Aufzeichnungen ermittelt, was möglich ist, das ist der Proof of Concept. Und es muss geklärt werden: Gibt es genügend Daten und Sensorsignale, um dieses Problem überhaupt zu erfassen? KI kann ja nicht funktionieren, wenn es keine, nicht genügend oder nicht die richtigen Daten gibt.

Zum Teil müssen deshalb zusätzliche Sensoren angebracht werden, manchmal braucht man weitere Rechner oder Server, die die Datenhaltung vornehmen und die ML-Modelle auswerten. Das Ganze muss an die Leitsysteme des Unternehmens angebunden werden, zudem sind Sicherheitsmechanismen nötig. Im nächsten Schritt wird die Umsetzung des Systems vorgenommen, dann erfolgen die Inbetriebnahme und schließlich die Übergabe von uns als Ingenieurdienstleister und Forschungsinstitut an den Betrieb.

Und dann ist das Projekt zu Ende?

Für uns meistens ja, für das Unternehmen natürlich nicht. Wir sprechen bei KI und ML ja nicht zufällig von lernfähigen Systemen – die sollen tatsächlich weiterlernen. Das ist wie bei einem kleinen Kind: Vielleicht lernt es auch mal etwas Falsches. Dann muss ihm jemand sagen: Nein, so hatten wir das nicht gemeint. Der laufende Betrieb erfordert Erfahrung und Initiative im Umgang mit den ML-Systemen, sie müssen im Betrieb beobachtet und gewartet werden – nicht im Sinne einer technischen Veränderung der Anlage, sondern sozusagen, um die Fitness des Systems zu beurteilen. Es muss also Menschen im Unternehmen geben, die sich darum kontinuierlich kümmern.

Wer könnte das sein?

Das ist fallspezifisch. Viele Firmen streben an, die Expertise intern zu entwickeln, und das ergibt oft auch Sinn. Generell können sie aber sowohl intern jemanden aufbauen oder einstellen als auch regelmäßig einen externen Dienstleister dazu holen. Beides sind klassische Vorgehensweisen.

Würde Fraunhofer auch auf Dauer im Unternehmen bleiben?

Wenn der Kunde es wünscht, bleiben wir auch auf Dauer im Projekt – das ist aber nicht unser primäres Ziel. Unser primäres Ziel ist es, angewandte Forschung zu betreiben und immer wieder neue Themen zu bearbeiten. Natürlich hängt es auch von der Frage ab, ob es ausreichend ausgebildetes Personal gibt, sowohl auf unserer Seite als auch im Unternehmen. Die Personalknappheit ist ja immer ein Thema, vor allem in Bezug auf Experten, die sowohl den ingenieursphysikalischen Hintergrund als auch Erfahrung mit Maschinellem Lernen mitbringen. Das ist eine Kombination, die nicht so einfach zu finden ist.

Wie lange zieht sich so ein Prozess von der Idee bis zur Übergabe?

Dazu kann man keine generelle Aussage treffen. Wenn ich die komplette Produktion eines großen Autobauers optimieren will, dauert das natürlich länger als bei einer einzelnen Anlage.

Was ist wichtig bei der Zusammenarbeit von Wissenschaft und Unternehmen?

Es ist entscheidend, dass Sie die KI-Experten aus der Wissenschaft mit den klassischen Anlageningenieuren aus dem Unternehmen an einen Tisch bekommen, die ja keine explizite Ausbildung in Maschinellen Lernen oder KI haben. Beide Seiten müssen miteinander verzahnt arbeiten, nur dann wird der Einsatz von Maschinellem Lernen in der industriellen Produktion funktionieren. Sie werden nirgends eine Anlage finden, die Sie nur durch ML oder KI, aber ohne den Anlagenexperten und dessen Expertenwissen optimiert bekommen. Der Betriebsingenieur kennt den Aufbau und die Struktur der Anlage, die sensorielle Ausstattung, die typischen Verhaltensweisen, und er weiß auch sehr genau, was die Anlage in dem einen oder anderen Zustand machen wird. Das ist Wissen, das oft nur in den Köpfen existiert und nirgendwo niedergeschrieben ist.

Während nur wenige Produktions- und Automatisierungsingenieure über tiefgreifende Expertise im Umgang mit den neuartigen Verfahren und deren vielfältigen Einsatzmöglichkeiten haben, gibt es auf der anderen Seite nur wenige ML-Experten, die über umfangreiche praktische Erfahrungen beim Einsatz von ML-Methoden in der industriellen Praxis verfügen.

Wie reagieren Ihrer Erfahrung nach die verantwortlichen Mitarbeiter an der Maschine auf die Implementierung von KI-Systemen?

Meistens positiv – der Betriebsingenieur ist froh, weil die Anlage besser läuft und er keinen Ärger mit Ausfällen und Qualitätsmängeln hat. Und er findet es gut, dass er am Wochenende nicht in die Halle fahren und gucken muss, ob alles noch richtig funktioniert.

Wie sinnvoll ist der Einsatz von KI-Systemen in älteren Bestandsanlagen?

Auf jeden Fall ist der Einsatz von KI-Methoden in der industriellen Produktion nicht nur für Neuanlagen, sondern auch für Bestandsanlagen interessant – auch wenn sie schon über 20 Jahre lang laufen wie manche Chemieanlage, Windanlage oder ein Prozess zur Herstellung von Arzneimitteln.

Es ist allerdings so, dass man bei Bestandsanlagen in der Regel schon von einem sehr hohen Niveau startet. Dann ist die Frage: Welches Quäntchen kann man noch herausholen? In der Praxis kann eine Anlage möglicherweise durch KI weiter optimiert werden, es kann aber auch sein, dass es nicht geht – es ist ja nicht so, dass die Anlagen in Deutschland alle schlecht laufen. Wenn wir von vornherein sehen, dass wir nicht noch mehr herausholen können, sagen wir das dem Kunden auch. Wenn es etwas bringt, dann machen wir das, wenn es nichts bringt, dann eben nicht. Es ergibt keinen Sinn, auf Teufel komm raus etwas in eine Anlage einzubauen, nur um KI zu haben.

Was ist einfacher – KI in eine neue oder in eine bestehende Anlage zu integrieren?

Bei bestehenden Anlagen ist manchmal die Schwierigkeit, dass sie nicht die notwendigen IT-Voraussetzungen erfüllen: Die eine Komponente speichert Daten hier ab, die andere dort. Die Daten werden in nicht vernetzten IT-Systemen oft dezentral gesammelt. Das ist bei Neuanlagen einfacher.

Welche Herausforderungen gibt es bei der Implementierung von KI-Methoden in Produktionsunternehmen noch?

Natürlich sind Einführung, Inbetriebnahme und Betrieb von KI-Systemen mit nicht geringen Kosten verbunden – es ist allerdings eine große Herausforderung, die Kosten und den Einfluss der KI-Systeme auf geschäftsrelevante Kennzahlen schon im Vorfeld abzuschätzen.

Außerdem gibt es derzeit noch eine große Engineering-Lücke zwischen den Möglichkeiten der KI und ihrer erfolgreichen Anwendung in Fertigungs- und Produktionsprozessen. Es fehlt ein einsatzfähiges systematisches Vorgehensmodell, mit dem man die Verbesserungspotenziale durch KI-Methoden ermitteln kann. Gegenwärtig existiert außerdem kein strukturiertes Vorgehensmodell, um sich zielgerichtet aus der ganzen KI-Methodenvielfalt zu bedienen und passende oder angepasste KI-Verfahren mit maximalem Nutzen für die Optimierung produktionstechnischer Anlagen einzusetzen.

Anderes Thema: Wie sind Sie selbst zum Thema KI gekommen?

Die Technologien, die wir heute haben, sind ja gar nicht so neu – die gibt es schon lange. Ich habe in den 1990er-Jahren studiert, damals waren Künstliche Neuronale Netze ein absoluter Trend, die Mathematik und das Konzept an sich wurden damals schon klar beschrieben. Weil aber die Rechenkapazitäten noch nicht verfügbar waren, hat sich der Hype schnell wieder gelegt. Anwendungen wie Bild- und Spracherkennung brauchten einfach viel zu lange, ebenso beispielsweise Anwendungen, um Herzrhythmusstörungen zu erkennen. Man hat schon zu der Zeit klar die Möglichkeiten erkannt, aber eben auch die Limitierung durch die Rechenkapazität. Deswegen hat man es dann zunächst wieder gelassen und man war sich auch nicht sicher, ob es jemals wiederkommen würde.

Was haben Sie damals zum Beispiel gemacht?

Wir haben zum Beispiel mit Bohrmaschinen gearbeitet. Wenn man damit in eine Wand bohrt, kommt es manchmal zu Verklemmungen – dann dreht sich nicht der Bohrer, sondern die ganze Maschine, und dabei kann man sich am Handgelenk verletzen. Wir haben Anfang der 2000er-Jahre mit einer Firma eine Funktion entwickelt, die das Verklemmen erkennt und die Maschine rechtzeitig abstellt. Und noch mehr: Je nach Material muss man ja mit einer bestimmten Schlagzahl bohren. Die Maschinen auf dem Markt waren alle auf ein durchschnittliches Material abgestimmt – optimal wäre es aber gewesen, wenn die Maschine das Material erkannt und die Schlagzahl des Bohrers aktiv eingestellt hätte. So etwas zählte zu den ersten Dingen, die wir damals gemacht haben. Aber einen richtigen Hype gab es damals nicht.

Erst als die Grafikkarten aufkamen und die Rechner auf einmal in der Lage waren, sehr viel schneller Rechenoperationen vorzunehmen, wurden viel mehr Anwendungsszenarien interessant. Auf einmal funktionierte die Herzsignalerkennung, dann auch die Spracherkennung, und der nächste Schritt war die Bildverarbeitung. Das sind Dinge, die heute längst etabliert sind.

Wie weit ist Deutschland aus Ihrer Sicht beim Thema KI?

Wir haben natürlich nicht die ganz großen Systeme wie die Chinesen, die eine Milliarde Menschen parallel überwachen können. Bei den Amerikanern, den Chinesen und auch den Engländern wird geklotzt, was die Hardware angeht, und entsprechend sind auch die Ergebnisse beeindruckender. Aber ich glaube, so weit hintendran wie manche denken, sind wir in Deutschland gar nicht, speziell im Bereich der Produktionsoptimierung steht Deutschland gar nicht so schlecht da. Wenn eine fundierte Expertise zum Beispiel zu physikalischen Prozessen erforderlich ist, da sind wir mit Sicherheit nicht schlechter. Wir sind vielleicht ein bisschen vorsichtig, die Dinge konsequent einzusetzen oder anzuwenden. Wünschen würde ich mir einen etwas unverkrampfteren Umgang mit dem Thema KI – und bessere Informationen, denn manchmal wird KI zu sehr mystifiziert.

Christian Frey, Jahrgang 1968, ist Leiter der Abteilung Mess-, Regelungs- und Diagnosesysteme am Fraunhofer-Institut für Optronik, Systemtechnik und Bildauswertung IOSB in Karlsruhe.

Zu den Schwerpunkten des **Fraunhofer IOSB** zählen bildgebende Sensoren, Informationsmanagement, das industrielle Internet der Dinge sowie die automatisierte Auswertung der anfallenden Daten. Das Spektrum erstreckt sich bis hin zur Entwicklung von Entscheidungsunterstützungssystemen und (teil-)autonomen Systemen und umfasst insbesondere die Nutzbarmachung Künstlicher Intelligenz in praktischen Anwendungen. Die rund 700 Mitarbeitenden arbeiten und forschen in Karlsruhe, Ettlingen, Ilmenau, Lemgo, Görlitz und Rostock. www.iosb.fraunhofer.de

---

Aus der Praxis: Kooperationen im Bereich KI

„Wirtschaft und Wissenschaft zusammenbringen“

Die einen haben die praktischen Anwendungsfälle, die anderen die theoretische Expertise. Wie kann man Wirtschaft und Wissenschaft in Sachen KI an einen Tisch bringen? Wie schafft man Kooperationen und gemeinsame Forschung? Der Wirtschaftsingenieur und Informatiker *Alois Krtil* ist sowohl Direktor der Innovations Kontakt Stelle IKS Hamburg als auch Mitgründer und Geschäftsführer vom ARIC, dem Zentrum für Künstliche Intelligenz in Hamburg. Beide Organisationen haben das Ziel, die Zusammenarbeit zwischen Wirtschaft und Wissenschaft zu erleichtern.

2019 wurde ARIC gegründet, das Zentrum für Künstliche Intelligenz in Hamburg. Sie gehörten zu den Gründern. Was ist das Ziel?

Wir wollen das Thema KI in Unternehmen voranbringen – und zwar durch einen Wissenstransfer zwischen Wirtschaft, Wissenschaft und Gesellschaft. Bisher hat ein branchenübergreifender Ansprechpartner hier in Hamburg gefehlt. Was macht ein Unternehmen ganz praktisch, wenn es in die KI einsteigen und eigene Anwendungen implementieren möchte? Es ist nicht so einfach, einen Überblick zu bekommen, was überhaupt möglich ist, und die richtigen Ansprechpartner zu finden. Genau dabei unterstützen wir Unternehmen – wir sind eine Schnittstelle zwischen Unternehmen, die KI einsetzen oder weiterentwickeln möchten, sowie denjenigen, die dieses Thema erforschen, beispielsweise Universitäten. Kurz: Wir stellen Erfahrung und Expertise zur Verfügung.

An ARIC sind viele Unternehmen auch direkt beteiligt. Wie funktioniert das?

Die Unternehmen, die Mitglieder bei ARIC sind, tauschen sich untereinander aus. Wenn ein Unternehmen ein Projekt hat, bei dem es nicht weiterkommt, kann es Wissen aus dem Netzwerk anfordern. Gleichzeitig bringt es das eigene Wissen ein: Wir haben das mit dem Verfahren gelöst – wenn ihr das Problem auch habt, können wir uns darüber unterhalten.

Können auch Nicht-Mitglieder Unterstützung bekommen?

Ja, auf jeden Fall. Es gehört zu unseren Zielen, auch Nicht-Mitglieder zu unterstützen. Es kommt häufig vor, dass ein Unternehmen auf uns zukommt und sagt: Wir haben eine Herausforderung und schon mit einer Unternehmensberatung gesprochen, sind aber nicht so richtig weitergekommen. Dann haben wir uns bei großen Tech-Unternehmen wie Google umgeschaut, sind aber auch nicht wirklich fündig geworden. Was können wir tun, um unser spezifisches Problem mit KI zu lösen?

Und – was können Sie anbieten?

Wir haben bewusst keinen dominanten „Big Tech Player“ bei uns in der Organisation. Wenn wir uns eine Aufgabenstellung anschauen, stellen wir Expertenrunden zusammen mit Data Scientists, Professoren und Praktikern, Leuten mit Erfahrungswissen. Dann diskutieren wir zunächst einmal nur die Aufgabenstellung, und zwar neutral und aus unterschiedlichen Sichten, da kommen häufig ganz unterschiedliche Lösungsvarianten heraus. Manchmal klingt die eine Methode zwar spektakulärer, eine andere ist aber deutlich günstiger, schneller und bringt am Ende sogar das bessere Ergebnis.

Also: Es geht uns nicht darum, irgendwie KI einzuführen, sondern darum, Probleme zu lösen. Wenn es eine Justierung an der Maschine tut, dann ist es auch gut. Dieses nichtdogmatische Vorgehen ist das, was das ARIC mit seinen unterschiedlichen Experten aus Wirtschaft und Wissenschaft ausmacht.

Das heißt, ARIC ist unabhängig und will einem Unternehmen nicht am Ende doch eigene Produkte verkaufen?

Wir haben ja gar keine eigenen Produkte. Wir sind eine Non Profit-Organisation ohne Gewinnerzielungsabsicht, wir finanzieren uns durch Mitgliedsbeiträge und durch öffentliche Fördergelder. Wir investieren das Geld, das wir haben, in Mitarbeiter, um diesen Service und dieses Wissen anbieten zu können.

Aber wenn Sie im Expertengremium eine Lösung für ein Unternehmen finden, würde das dann auch aus dem Expertengremium heraus umgesetzt werden?

Wenn eines unserer Mitglieder die richtige Expertise hat, kann sich der Auftraggeber natürlich mit ihm unterhalten und weitere Schritte gehen, wir sind als ARIC dann nicht als Intermediär beteiligt. Man hat natürlich keine Verpflichtung, unsere Mitgliedsunternehmen zu nehmen. Wenn man andere Wege gehen möchte, die wir aufgezeigt haben, dann unterstützen wir das auch.

Mit welchen Themen kommen Unternehmen auf Sie zu?

Das ist ganz unterschiedlich. Jemand von einer Versicherung beispielsweise hat etwas über RPA gehört, Robotic Process Automation. Die Frage könnte dann sein: Kann man bestimmte Vorgänge, die einfach nur lästig sind – etwas wie das Sortieren von E-Mails – automatisieren? Oder eine große Organisation möchte wissen, warum so viele Mitglieder kündigen. Auch da könnte eine KI-Lösung helfen.

Wenn ich als Unternehmer noch gar keine Ahnung von KI habe, muss mir das unangenehm sein?

Nein, es ist eher die Regel, dass die Unternehmen wenig wissen, zumindest von konkreten KI-Themen – sowohl bei großen als auch bei kleinen Unternehmen. Das ist völlig in Ordnung, es ist ja auch sehr komplex und vielfältig. Oft wissen die Leute gar nicht, was mit KI ganz konkret alles möglich ist.

Sie sind zugleich Gründer der Innovationskontaktstelle IKS in Hamburg. Was ist dort das Ziel?

In der IKS geht es darum, Unternehmen mit Wissens- und Technologietransfer voranzubringen, unabhängig von einer bestimmten Technologie oder Methodik. Die IKS ist eine Schnittstelle zwischen Wirtschaft und Wissenschaft, wir betreiben intensiv Wissens- und Technologietransfer – wir initiieren und unterstützen Innovationsprojekte zwischen Forschung und praxisnaher Anwendung.

Sie fördern also die Zusammenarbeit zwischen Uni und Unternehmen?

Ja. Ein Beispiel: Ein Unternehmen will einen Biokatalysator entwickeln, schafft es aber nicht allein – es hat zwar viele Chemiker, aber nicht genügend, die genau auf Biokatalyse spezialisiert sind. Die Universität dagegen hat diese Spezialisten. Verbindet man beide, kann das beide Seiten sehr viel weiterbringen.

Wer genau kommt bei solchen Forschungsprojekten ins Unternehmen?

Es gibt beim Wissens- und Technologietransfer alle Varianten. Manchmal holt man sich einen einzelnen Studierenden ins Unternehmen, manchmal sponsort man ganze Lehrstühle und Professorenstellen, manchmal arbeiten temporäre Teams im Labor des Unternehmens. Da sind keine Grenzen gesetzt.

Ein Projekt kann zum Beispiel sein, einen Drohnenschwarm zu entwickeln, der der Landwirtschaft hilft, Parasiten oder ähnliches aufzuspüren. Bei solchen Projekten wird ein Teil an der Uni gemacht, ein Teil auf dem Feld und ein Teil in der Forschungsabteilung des Unternehmens.

Und so etwas organisieren Sie?

Ja, das läuft über die IKS. Wir sind sozusagen Match Maker, wir initiieren und unterstützen Projekte als Innovations- und Trendscouts. Nehmen wir mal an, ein Hersteller für Flurförderzeuge kommt zu uns und sagt: Das Thema autonomes Fahren wäre für uns wichtig – bisher fahren unsere Module eine Kontaktschleife im Boden der Werkhalle ab, das ist sehr aufwändig. Wir würden jetzt gern zu einem optischen Verfahren wechseln, bei dem sich die Flurförderzeuge autonom durch ihre optischen Sensoraugen bewegen können. Das ist deutlich flexibler. Wir haben aber nur Experten, die mit Bodensensoren arbeiten können – Elektrotechniker, aber keine Machine-Vision-Leute. Wenn wir jetzt zehn Leute einstellen würden, wissen wir gar nicht, ob das überhaupt der richtige Weg wäre. Deshalb würden wir gerne erst einmal ein F&E-Projekt aufsetzen – und wenn wir dann merken, dass das in die richtige Richtung geht, dann können wir sehr spezifisch nach Experten suchen und sie einstellen. So etwas ist typisch.

Warum nehmen die Unternehmen nicht direkt Kontakt zu den Universitäten auf?

Weil sie in der Regel gar nicht wissen, wen sie ansprechen können. Allein Hamburg hat über 20 Hochschulen, zehn davon mit technischem Bereich. Man hat also eine riesige Auswahl und zugleich das große Problem, dass man den richtigen Partner gar nicht so einfach identifizieren kann – wenn man überhaupt so weit ist zu wissen, dass in dieser anderen Welt ein Partner zu finden sein könnte.

Gibt es bundesweit ähnliche Angebote wie die IKS?

In dieser speziellen Form gibt es das bis jetzt nur in Hamburg, wir scouten und screenen aber in ganz Deutschland, weil nicht alle Disziplinen in Hamburg adäquat vertreten sind. Wir schauen über den Tellerrand und sind auch gut vernetzt mit Wirtschaft und Wissenschaft. Und wenn ein Unternehmer aus einem anderen Bundesland Interesse hat, kann er uns auch gerne ansprechen.

Sollte ein Unternehmen irgendwann soweit sein, dass es die gesamte KI selbst machen kann, ohne externe Unterstützung?

Es muss nicht alles selbst machen, aber eine gewisse Kompetenz im Unternehmen ist schon wichtig. Man kann sich das so vorstellen: KI ist ein Werkzeug wie ein Hammer – mit dem kann ich eine Scheibe einwerfen, aber auch einen Tisch bauen. Nur weil dieser Hammer bei mir in der Firma liegt, heißt das aber noch lange nicht, dass ich auch fähig bin, einen Tisch zu bauen. Ich brauche jemanden, der den Hammer richtig bedienen kann, und genauso bedient sich KI auch nicht von selbst. Deswegen ist es wichtig, die Kompetenz zu haben, mit diesem Werkzeug umzugehen. Auch wenn ich mir Kooperationspartner oder ARIC ins Unternehmen hole, brauche ich Leute, die KI Use Cases einordnen und auch weiterentwickeln und pflegen können. Im Laufe der Zeit ist es sinnvoll, das Ganze zu erweitern – ich möchte ja nicht immer abhängig vom Tischler bleiben, sondern flexibel sein. Vielleicht gefällt mir der Stil des Tischlers auch irgendwann nicht mehr, weil er immer nur gelbe Tische baut. Wenn ich einen in Grün haben möchte, muss ich ihn selbst bauen.

Nochmal zu ARIC – Sie haben dort viele Weiterbildungsangebote. Welche Mitarbeiter sind für eine Weiterbildung im KI-Bereich am besten geeignet?

Auf jeden Fall sollte ein Mitarbeiter Lust auf das Thema haben und es ergibt absolut Sinn, dass man schon mit einer gewissen Vorbildung im Bereich Informatik an das Thema KI geht. Das heißt aber nicht, dass das der einzige Weg ist. Wir haben in unserer Unternehmenspraxis und bei vielen Projekten gesehen, dass es auch geniale Quereinsteiger gibt, die nichts mit dem Thema Informatik zu tun hatten und die besten Algorithmiker geworden sind. So etwas gibt es, es gibt überall Naturtalente – aber meistens ist es so, dass diejenigen, die schon eine gewisse digitale Affinität haben, schneller in das Thema reinkommen und Spaß daran entwickeln.

Was müsste in Deutschland passieren in Sachen KI?

Einerseits hat die KI in den vergangenen Jahren starken Auftrieb bekommen, viele Unternehmen wollen jetzt starten. Das führt momentan zu einer Unterdeckung an Fachkräften, auch weil die Hochschulen in Deutschland teilweise nicht genug KI'ler ausbilden. Andererseits gibt es immer noch viele Ängste, eine Mystifizierung der KI, die einerseits zu Terminator-Visionen und andererseits zu völlig übertriebenen Vorstellungen führt. Es gibt keine gesunde Aufklärung über KI, da müsste man mehr machen. Und man müsste die Unternehmer besser weiterbilden – in dem Sinne: Du brauchst nicht viele Millionen Euro, um selbst mit KI anzufangen.

Wie könnte das ganz praktisch aussehen?

Man könnte anschauliche Use Cases präsentieren, eine gewisse Nähe zur KI schaffen. Wenn ein Unternehmer zu einem Betrieb in seiner Region fahren und sich ansehen könnte, wie dort zum Beispiel Mülltrennung automatisiert stattfindet und wie KI bei dieser Aufgabe hilft, dann wäre das sicherlich für viele interessant. Wir müssen KI entmystifizieren, wir müssen es viel anfassbarer machen – für die Betriebe, für Unternehmen, für die Gesellschaft.

Noch eine generelle Frage: Wo steht Deutschland, wo steht der Mittelstand heute im Bereich KI?

Das kommt auf die Brache an. Insgesamt würde ich sagen: Wir haben viel Nachholbedarf, auch im Vergleich zu anderen Ländern. Dabei haben wir eigentlich gute Rahmenbedingungen – eine recht stabile politische Lage, genügend Ressourcen finanzieller Art, einen großen Binnenmarkt, und auch die Stellung im europäischen Binnenmarkt ist günstig für uns. Ich glaube, wenn man den Mindset-Change und die Aus- und Weiterbildung weiter verstärkt, können wir relativ schnell vorankommen. Wir sind ein von Ingenieuren geprägtes Land, und die KI kann ein weiteres smartes Werkzeug für viele Ingenieure sein.

Alois Krtil, Jahrgang 1982 ist Mitgründer und Geschäftsführer vom ARIC sowie Geschäftsführer der IKS Hamburg. Der Wirtschaftsinformatiker und Wirtschaftsingenieur hat unter anderem in Unternehmensberatungen gearbeitet – in der Produktionsoptimierung im Luftfahrt- und Automotive-Umfeld zählten digitale und KI-basierte Methoden und Wissensmanagement zu seinen Schwerpunkten.

Die **Innovations Kontakt Stelle**, kurz IKS, versteht sich als Schnittstelle zwischen Wirtschaft und Wissenschaft in Hamburg. Sie will die Kommunikation zwischen Unternehmen und wissenschaftlichen Einrichtungen verbessern und den gegenseitigen Zugang erleichtern. Unterstützt wird sie unter anderem von der Handelskammer, der Wirtschafts-Wissenschaftsbehörde und der Stadt Hamburg.

Das **Zentrum für Künstliche Intelligenz in Hamburg, ARIC**, wurde 2019 gegründet. Die Organisation bündelt das KI-Know-how in der Region Hamburg, bringt Akteure aus Wirtschaft und Wissenschaft zusammen und unterstützt Unternehmen dabei, eigene KI-Lösungen zu finden und zu implementieren. Mitglieder sind unter anderem Lufthansa Industry Solutions, Pilot Hamburg GmbH, das Hamburger Informatik Technologie Center HITeC und die Zapliance GmbH.

Teil 6: KI-Werkzeuge

Wenn ein Unternehmen mit KI arbeiten möchte, stellt sich häufig die Frage nach dem WIE: Einerseits sind die eigenen, unternehmensinternen IT-Werkzeuge entscheidend, andererseits stellt sich die Frage, ob und welche Lösungen zugekauft oder auf Dauer genutzt werden können, etwa Clouds. Nach einem Überblick über die wichtigsten KI-Werkzeuge berichten Experten über Möglichkeiten externer Unterstützung von Unternehmen:

- ***Michael Welsch* bietet mit seiner PANDA GmbH KI-Lösungen für die Industrie an – von der ersten Idee bis zur Implementierung,**
- ***Sebastian Seutter* ist Global Manufacturing Lead bei Uipath, einem globalen Technologieunternehmen für Software zur Robotic Process Automation (RPA). Zuvor war er als Manufacturing Industry Lead bei Microsoft für das Geschäft mit industriellen Großkunden verantwortlich.**

Der Einsatz von KI-Werkzeugen

Wenn ein Unternehmen eine KI-Strategie entwickelt, muss es sich auch über die Wahl der Werkzeuge klar werden – von Speichermedien und Datenbanken über Clouds und integrierte KI-Verfahren bis hin zu Python- und GUI-basierten KI-Werkzeugen.

Bei der Werkzeugauswahl sind einige grundlegende Aspekte zu beachten:

- Entscheidend ist die Passgenauigkeit der neuen Werkzeuge zu den bisherigen Firmenprozessen und der bisherigen Werkzeugkette.
- Die Werkzeuge müssen zum Qualifikationsprofil der Mitarbeitenden passen.
- Das Unternehmen muss die Wartbarkeit der Werkzeuge im Betrieb, fällige Lizenzgebühren und anfallende Kosten für Unteraufträge berücksichtigen.
- Die Mitarbeiter müssen dem Werkzeug positiv gegenüberstehen – wichtig sind dabei die frühere Integration der Mitarbeiter in den Entscheidungsprozess und gut nutzbare Benutzeroberflächen.
- Service und Wartung durch den Werkzeughersteller müssen sichergestellt sein und zum Unternehmen passen.

Abbildung 8 zeigt eine Übersicht über typische Werkzeugklassen und deren Abhängigkeiten.

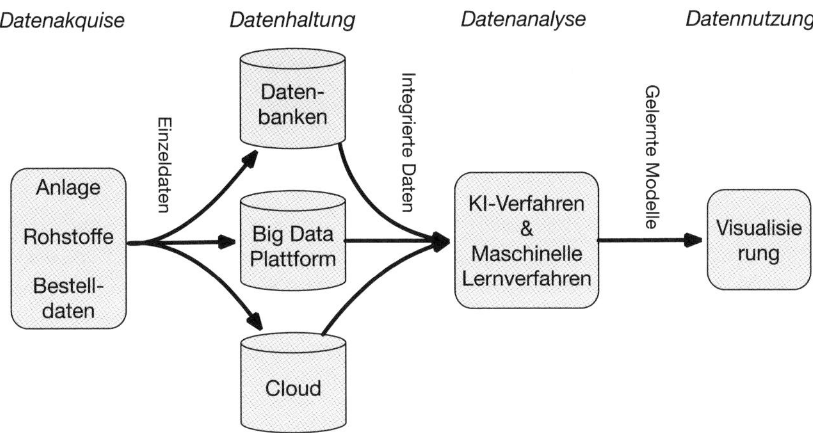

Abbildung 8: Der typische Ablauf der Werkzeugnutzung in der industriellen KI

Welche Werkzeuge gibt es auf dem Markt? Im Allgemeinen unterscheidet man zwischen Werkzeugen zur Datenakquise, zur Datenspeicherung, zur Datenanalyse und zur Datennutzung.

Werkzeuge zur Datenakquise

Der erste Schritt bei KI-Anwendungen ist die Erfassung der Daten. Sensordaten werden in der Regel über Automationsprotokolle wie OPC UA erfasst. Wichtig ist, dass diese Daten durch Informationen über die jeweils produzierten Güter oder Chargen, zu den Rohstoffen und zu den Aufträgen ergänzt werden. Die Schwierigkeit ist allerdings, dass diese Daten in sehr unterschiedlichen IT-Systemen mit oft nicht standardisierten Schnittstellen vorliegen. Ein erstes Ziel muss also sein, die IT-Systeme inklusive der Automationssysteme so zu verbinden, dass ein ganzheitlicher Datenbestand mit korrekten Zeitstempeln entsteht. Dazu müssen gegebenenfalls sowohl Hard- als auch Software ergänzt werden.

Werkzeuge zur Datenspeicherung

Anschließend müssen die erfassten Daten abgespeichert werden, und zwar mitsamt der semantischen Annotation: So müssen zum Beispiel bei allen Daten die Informationen zur Herkunft erfasst werden, also welcher Sensor an welcher Stelle in der Anlage sie generiert hat, außerdem Informationen zum Datentyp, zum Entstehungszeitpunkt, zu Umwelteinflüssen und zu möglichen Anlagenfehlern.

Eine wichtige Frage ist, wieviel Datenspeicherung und Datenverarbeitung in der Edge, also in prozessnahen Rechenplattformen, oder aber in Servern und in der Cloud geschehen soll.

Vorteile von Edge-Lösungen sind, dass Daten schnell ausgewertet und genutzt werden können, dass keine Schnittstellen zu IT-Systemen entwickelt werden müssen und dass die Vertraulichkeit der Daten einfacher gewährleistet werden kann. Server- und Cloudlösungen dagegen können mehr Daten speichern, damit ist anders als bei Edge-Lösungen die Frage einer frühen Datenverdichtung weniger zentral. Auch steht mehr Rechenperformance für die Datenanalyse zur Verfügung. Gerade bei verteilten Produktionen an verschiedenen Standorten geht oft kein Weg an einer Server- oder Cloud-Lösungen vorbei.

Datenbanken

Klassischerweise werden Daten oft in Datenbanken abgespeichert. Diese Datenbanken sind meistens direkt im Unternehmen installiert und müssen von den eigenen IT-Abteilungen gewartet werden.

Speicherung in Clouds

Eine Alternative sind Cloud-Lösungen, in denen die Daten bei Drittfirmen gespeichert werden, damit ist ein ortsunabhängiger Zugriff möglich. Die Flexibilität der Cloud-Lösungen wird oft durch einen geringeren Datendurchsatz erkauft, also eine langsamere Verarbeitung. Zusätzlich ist die Vertraulichkeit der Daten zu klären. Ein Mittelweg ist eine lokal installierte Cloud-Lösung, bei der die Cloud auf der firmeneigenen IT-Struktur läuft.

Big Data Plattformen

Big Data-Plattformen wie Hadoop, Kafka und Spark gehen über die reine Datenspeicherung hinaus und erlauben eine verteilte Nutzung der Daten. Meistens kombinieren solche Plattformen eine verteilte Datenhaltung mit einem Konzept zur Implementierung von Programmen, mit denen die Daten durch KI-Verfahren und ML-Methoden genutzt werden können. Oft stehen dabei sogenannte Streaming-Architekturen im Vordergrund, also Lösungen, in denen die über die Zeit anfallenden Sensordaten auch als Datenstrom über der Zeit verarbeitet werden können. Dabei ist allerdings zu beachten, dass es nicht ganz einfach ist, eine Lösung zu finden und auszuwählen, die sowohl zum Unternehmen als auch zur Problemstellung passt.

Werkzeuge zur Datenanalyse

Integrierte KI-Verfahren

Oft sind KI- und ML-Analyseverfahren bereits in Cloud-Lösungen oder in Datenbanken integriert. Der Vorteil ist, dass auf diese Weise Brüche in der Werkzeugkette vermieden werden und keine weitere Übertragung der Daten zu KI-Werkzeugen notwendig wird. Auch die Einarbeitung der Mitarbeitenden wird durch die Verringerung der Anzahl an Werkzeugen vereinfacht. Der Nachteil ist, dass man oft auf die KI-Methoden limitiert ist, die die jeweilige Plattform anbietet. Zudem ist es oft schwierig, überhaupt ein Werkzeug zu finden, das sowohl für die Datenhaltung als auch für die Datenanalyse optimal ist.

Python-basierte Werkzeuge

Gerade große KI-Firmen, aber auch Forscher bieten mittlerweile umfangreiche KI-/ML-Bibliotheken für die Programmiersprache Python an, vor allem neuere Methoden. Ein Vorteil ist, dass sich die Bibliotheken von verschiedenen Anbietern in einer allgemeinen Programmiersprache kombinieren lassen, zudem ist die Nutzung vieler Angebote kostenfrei. Ein Nachteil ist der höhere Einarbeitungsaufwand in die Programmiersprache Python, eine Alternative ist die weniger verbreitete Programmiersprache R.

GUI-basierte Werkzeuge

Andere Werkzeuge setzen auf eine graphische, GUI-basierte Benutzerführung. Der Einarbeitungsaufwand ist geringer als etwa bei Python-basierten Lösungen, allerdings steht meistens eine geringere Auswahl an Methoden zur Verfügung, und man ist weniger flexibel.

Werkzeuge zur Datennutzung

Der letzte Schritt bei einer KI-Anwendung ist die Visualisierung der Ergebnisse, oft erfolgt sie in Form von Modellen. Bei diesem Schritt sind die angebotenen Werkzeuge am heterogensten – die Lösungen reichen von Visualisierungsfunktionen in der Datenhaltung über die Visualisierung in Programmiersprachen wie Python bis hin zu Lösungen in den Automationssystemen. Entscheidend ist bei der Auswahl, welche Lösung für den Endbenutzer am besten passt.

Fazit

Generell lässt sich festhalten, dass sich fast alle Probleme mit fast allen Werkzeugen lösen lassen. Entscheidend ist deshalb nicht die Frage, ob Werkzeuge eingesetzt werden können, sondern welches Werkzeug zur IT- und Mitarbeiterstruktur passt, welche Anwendungen aktuell anstehen und welche für die Zukunft geplant sind.

Aus der Praxis: Zusammenarbeit mit externen Dienstleistern

„Es ist unser Konzept, eine volle Integration anzubieten“

Fehler finden, Pannen vorhersagen, Mitarbeiter entlasten: Die PANDA GmbH aus Hamburg bietet KI-Lösungen für die Industrie an – von der ersten Idee bis zur Implementierung. Gründer und Geschäftsführer *Michael Welsch* über Kratzer im Lack, individuelle Lösungen und die große Herausforderung, auf dem riesigen KI-Markt genau das Richtige zu finden.

Sie bieten Ihren Kunden einen „Baukasten für Ihre individuelle KI-Lösung“ an. Was bedeutet das konkret?

Wir unterstützen Unternehmen, die ihren Produktionsprozess optimieren wollen, mit KI-Lösungen – und zwar auch Unternehmen, die mit KI bisher noch nichts zu tun hatten. Wir begleiten den gesamten Prozess von der ersten Idee über das Anbringen von Sensoren und die Datenerfassung bis hin zur automatischen Auswertung.

Was könnte das zum Beispiel sein?

Nehmen wir ein Beispiel aus dem Automotive-Bereich. In einer Anlage werden Innenraumteile eines Autos lackiert, schwarz und glänzend. Ziel ist es, dass kein einziges Teil einen optischen Fehler aufweist. Das wurde bisher von einem Menschen unter Flutlicht überprüft – eine sehr anstrengende Aufgabe, bereits nach einer halben Stunde waren die Augen durch die Reflektionen ermüdet. Diese Kontrolle kann aber auch ein KI-System übernehmen, und genau das richten wir ein.

Wie funktioniert das praktisch?

In der Regel nehmen wir zunächst Testprodukte mit in unser Labor und überlegen: Wie kann man das überprüfen? Welche Daten benötigen wir? Wie generieren wir die Daten? Im konkreten Autolack-Fall haben wir getestet, was auf den Bildern zu sehen sein muss und wie viele Kameras wir dazu benötigen. Wir haben eine Vorrichtung entwickelt, in die das Teil eingespannt wird, und die Kameras passend installiert. Wenn es geht, bauen wir im nächsten Schritt auch beim Kunden erst einmal solche provisorischen Installationen auf – das hat den Vorteil, dass wir relativ schnell vorankommen und unkompliziert Änderungen vornehmen können. Es kann gut sein, dass wir während der Testphase noch weitere Sensoren in das Provisorium einbauen oder aber feststellen, dass wir bestimmte Sensoren gar nicht benötigen. Dieser Schritt dauert in der Regel drei bis vier Wochen. Danach realisieren wir eine Vollintegration in die Maschine. Solche Vision-Systeme kommen oft zum Einsatz, vom Automotive-Bereich über die Produktion von Medizintechnik bis hin zur Qualitätskontrolle von Backwaren.

Und wer definiert, was passiert, wenn das KI-System beispielsweise einen Fehler erkennt?

Das definiert das Unternehmen selbst. Im ersten Schritt könnte man sagen: Die Anlage soll automatisch Produkte aussortieren, die außerhalb einer vorgegebenen Toleranz liegen. Der zweite Schritt könnte dann sein, dass die Fehlerursache automatisch gesucht und behoben wird. Das hängt aber immer vom Produkt und vom Problem ab. Die Kratzer-Erkennung über Bilder ist ja auch nur ein Beispiel – wir können auch ganz andere KI-Systeme integrieren, die beispielsweise über Temperatur, Vibration oder andere Parameter Unregelmäßigkeiten erkennen.

Was wäre ein Beispiel dafür?

Wir haben mit einem Unternehmen gearbeitet, bei dem eine Maschine immer wieder stillstand – dort haben wir durch die Analyse aller Daten die Ursache gefunden. Das funktioniert auch, wenn Maschinen beispielsweise fehlerhafte Produkte produzieren und niemand genau weiß, warum das so ist. Solche Produktionsanlagen sind oft sehr groß und komplex, und es ist schwierig, Fehlerursachen zu finden. Liegt es an der Justierung? An Bedienungsfehlern? Am Rohstoff? Oder einfach an einem Wackelkontakt im Stecker? Eine manuelle Überprüfung kann lange dauern, eine KI kann die Fehleranalyse wesentlich erleichtern.

Wie läuft die Zusammenarbeit zwischen Ihnen und den Unternehmen ab?

Wir arbeiten während des gesamten Prozesses sehr eng mit dem Kunden zusammen, anders geht es nicht. Das Unternehmen selbst muss ja entscheiden, was wichtig ist: Was wird als „normal" definiert? Welche Fehler sind typisch? Welche Abweichungen sind akzeptabel, welche nicht? In der Regel gibt es einen detaillierten Anforderungskatalog. Während der Testphase müssen wir aber nicht unbedingt ständig vor Ort sein – oft bekommen wir von den Kunden eine Standleitung, sodass wir das Projekt von überall überwachen können.

Wer sind Ihre typischen Kunden?

Es sind einerseits die Anlagenbauer, die eine KI in ihren Maschinen zur Verfügung stellen möchten, und andererseits die Anlagenbetreiber, die Produkte herstellen und dabei KI nutzen wollen.

Wie sind Sie persönlich zur KI gekommen?

Ich habe Maschinenbau studiert und dann im Bereich Automotive gearbeitet. Dort habe ich mich intensiv mit der Schadensanalyse beschäftigt und dazu auch promoviert. Es ist ja häufig das Problem, dass man nicht weiß, warum eine Qualität nicht stimmt. Ist es die Auslegung einer Anlage? Hat der Kunde sie falsch benutzt? Liegt es an der Materialqualität? Es gibt so viele verschiedene Gründe, dass es oft eine Sisyphus-Arbeit ist, einem Problem auf den Grund zu gehen.

Bei dieser Arbeit bin ich darauf aufmerksam geworden, dass man im Bereich Schadensanalyse viel mit KI machen kann – nur leider gibt es kaum Angebote für den Bereich Maschinenbau. Also haben wir das entwickelt und 2018 die Panda GmbH gegründet.

Warum wollen die Unternehmen, mit denen Sie arbeiten, KI-Projekte einführen?

Es gibt zwei Wege: Entweder taucht ein Problem auf, das gelöst werden soll – die optische Überprüfung der Autoteile soll vereinfacht, die Qualität der Backwaren verbessert, die Zahl der Anlagenstillstände verringert werden. Wenn dazu eine KI-Lösung passt, wird sie eingeführt. Oder, das ist der andere Weg, der Vorstand sagt: Bei der nächsten Maschine machen wir irgendetwas mit KI.

Ist es eine gute Idee, KI quasi von oben zu „verordnen"?

Richtig oder falsch gibt es nicht. Natürlich ist es grundsätzlich gut, wenn von ganz oben gesagt wird: Wir möchten uns öffnen, wir möchten etwas mit KI machen. Dazu ist es auch gar nicht nötig, dass der Vorstand das Thema KI vollständig versteht.

Unabhängig von der Intention funktioniert es aber nicht, wenn Mitarbeitern gesagt wird: Jetzt macht mal etwas mit KI, zusätzlich zu eurer normalen Arbeit. KI ist kein Thema, mit dem man sich nebenbei beschäftigt. Es ist deutlich zielführender, wenn eine eigene Abteilung mit mindestens zwei, drei Leuten gegründet wird – eine einzelne Person ist oft etwas verloren. Diese Mitarbeiter arbeiten sich dann in das Thema KI ein und lernen zu verstehen, was möglich ist. Sie müssen die KI gar nicht selbst implementieren, das bieten Unternehmen wie wir an. Aber es ist auch für uns wichtig, dass wir Ansprechpartner im Unternehmen haben, die sich wirklich mit dem Thema beschäftigen und Lust darauf haben.

Warum ist das so wichtig, dass sich intern jemand mit KI beschäftigt?

Weil das Verständnis einfach wichtig ist. Ein Beispiel: Viele Maschinenbauer haben ein Technikum, in dem sie ihre eigenen Maschinen testen und weiterentwickeln. Dort können wir aber keine KI einbauen, schlicht weil wir dort keine Produktionsdaten bekommen – es wird ja nichts produziert. Viel besser ist es, wenn wir mit einem Kunden des Maschinenbauers zusammenarbeiten können, der schon eine entsprechende Maschine hat und von der wir Daten bekommen können. Es ist hilfreich, wenn unsere Ansprechpartner von vornherein ein grundlegendes Verständnis haben, wie KI-Anwendungen und Datengewinnung funktionieren.

Wie viel KI-Wissen benötigen die Mitarbeitenden an den Maschinen, wenn sie später mit Ihrer Software arbeiten?

Gar keines. Wir reduzieren die Anwendung unserer Software auf das Wesentliche – wir übersetzen die Daten quasi für den KI-Laien – auf dem Bildschirm erscheint dann eine Meldung wie: „Das Produkt wurde gescannt und ist als abweichend erkannt worden." Der Nutzer kann diese Meldung bestätigen oder ablehnen, und das war es dann schon. Wir versuchen, die Anwendung so zu reduzieren, dass man niemanden aufwändig schulen muss. Das wäre auch nicht praktikabel, weil ja in der Regel viele verschiedene Menschen im Schichtbetrieb an den Maschinen arbeiten. Falls etwas an der Software geändert oder diese weiter trainiert werden muss, fahren wir hin und machen das.

Bieten bereits viele Unternehmen etwas Ähnliches an wie Sie?

Nein. Es gibt viele Universitäten, die arbeiten in Forschungsprojekten mit Unternehmen zusammen, das kann schon mal zwei Jahre lang dauern. Dann gibt es die großen Infrastrukturanbieter wie Microsoft, bei denen Unternehmen ihre Daten in deren Cloud laden und auswerten lassen können. Und schließlich sind mittlerweile einige Start-ups und etablierte Unternehmen auf dem Markt, die sich auf einzelne Themen spezialisiert haben – sie bauen beispielsweise spezifische Cloud-Lösungen oder sehr spezialisierte Kameras, die beispielsweise lebensmittelkonform oder explosionsgeschützt sind. Wenn so eine fertige Lösung zufällig zum Unternehmen passt, ist das natürlich gut. Oft passt es aber zufällig nicht, und dann ist die große Herausforderung, auf dem riesigen Markt genau die richtige Kombination zu finden. Deswegen ist es unser Konzept, eine volle Integration anzubieten – individuell mit unserem Baukasten aus Software, Sensoren und Kameras. Wir schauen uns grundsätzlich jede Fabrik, jede Anlage genau an, finden die passende Lösung und implementieren sie für den Kunden.

Michael Welsch, Jahrgang 1983 ist Mitgründer und Geschäftsführer der PANDA GmbH in Hamburg. Er hat Maschinenbau studiert und zum Thema Schadensanalyse promoviert.

Die **PANDA GmbH**, gegründet 2018, hat das Ziel, KI-Methoden in die industrielle Fertigung zu integrieren.

Aus der Praxis: Zusammenarbeit mit externen Dienstleistern

„Geschäftsmodelle von Technologieunternehmen verschmelzen zunehmend mit denen von Industrieunternehmen“

Globale Player wie Microsoft bieten der Industrie mittlerweile eine enge Zusammenarbeit im Bereich Künstlicher Intelligenz an. Das geht heute weit über die Cloud und vorgefertigte Lösungen hinaus. Ein Gespräch mit *Sebastian Seutter*, Global Manufacturing Lead UiPath, einem globalen Technologieunternehmen für Software zur Robotic Process Automation (RPA). Zuvor war er als Manufacturing Industry Lead bei Microsoft für das Geschäft mit industriellen Großkunden verantwortlich.

Was bietet Microsoft seinen Kunden im KI-Bereich?

Wir sind ein Technologie- und Plattformunternehmen und als solches bieten wir unseren Kunden alles von der Infrastruktur über die Plattform bis in die digitalen Services. Als Infrastruktur bieten wir beispielsweise Grundlagen wie Rechenleistung, Datenbanken und Speichermöglichkeiten an, auf denen die Lösungen der Nutzer basieren. Wenn es etwa um die Azure Cloud oder um Lösungen wie Spracherkennung geht, arbeiten Kunden direkt mit uns oder setzen auch mal Lösungen um, ohne mit uns zu sprechen. In Summe werden unsere Lösungen von diversen Kunden wie der Deutschen Bahn, ThyssenKrupp oder Klein- und Kleinstunternehmen genutzt. Und es ist auch unerheblich, welchen Anwendungsfall (Use Case) ein Kunde hat. Er bekommt von uns passende Lösungen von der Infrastruktur über die Plattform bis in die Services.

Dazu kommen immer mehr vorkonfigurierte Lösungen, die ein Unternehmen aus der Azure Cloud nutzen kann. Wichtig sind dafür gute, ausgebildete Mitarbeiter oder relevante Partner wie etwa Spezialisten in der Projektumsetzung oder große Partner aus der Industrie wie Siemens, um vorkonfigurierte Lösungen wie die Siemens-MindSphere-Plattform umzusetzen und zu nutzen. Wir von Microsoft müssen dabei aber inhaltlich nicht voll involviert sein. Allerdings sollte das Große und Ganze in der Digitalisierung gesehen und keine „kleinen“ Einzelprojekte verfolgt werden, weil das oft zu Problemen führen kann.

Warum?

Dafür gibt es mehrere Gründe. Zunächst muss man ein Projekt individualisieren und auf seinen Bedarf anpassen. Egal wie klein oder groß Unternehmen sind: Es ist eine große Herausforderung, wenn sie selbst keine Experten haben, die mit KI umgehen können und wissen, wie man KI im Unternehmen einsetzen kann. Außerdem geht es bei KI nicht um ein einmaliges Projekt, sondern um einen fortlaufenden Wechsel von Entwicklung, Betrieb und Weiterentwicklung.

Nehmen wir an, Sie haben eine kleine Gießerei mit 180 Mitarbeitern auf der Schwäbischen Alb. Sie entscheiden sich für die Digitalisierung Ihres Geschäfts und damit den Einstieg in cloudbasierte Lösungen. Dann wird der Betrieb Ihres Unternehmens „für die Ewigkeit“ in der Cloud laufen. Sie müssen sich also von Anfang an Gedanken machen, wie nicht nur die

Implementierung aussieht, sondern wie danach auch der fortlaufende Betrieb gestaltet werden soll. Man entwickelt nicht zuerst und betreibt dann, sondern es ist ein fortlaufender Prozess: entwickeln und betreiben. Im Englischen heißt dies zurecht „continuous development, integration and deployment“.

Kommen „selbstgefertigte“ Lösungen eher für reifere Unternehmen in Frage?

Ja. Manche sagen bewusst: Ich mache es nicht selber. Warum? Weil es viel zu komplex ist. Bleiben wir bei dem Gießerei-Beispiel. Nehmen wir an, Sie wollen mit einer Objekterkennung sicherstellen, dass die Maschine immer genau die richtige Menge abgießt. Wenn Sie die Bilderkennung selbst machen wollen, müssen sie einen Entwickler einstellen, der sich speziell mit Bilderkennung auskennt. Das ist heute aber überhaupt nicht mehr zeitgemäß – Bilderkennungsalgorithmen bekommt man heute über Open-Source-Plattformen wie Github. Man kann sie einfach herunterladen und einbauen. Viel wichtiger ist: Sie brauchen im Unternehmen Menschen mit einem guten Verständnis, diese Inhalte in Ihr Geschäft zu integrieren. Am Ende läuft es oft auf eine Mischung aus eigenen Kernressourcen und zentralen Partnern für Technologien und Projekte hinaus. Das machen große Unternehmen nicht anders als kleine.

Sie arbeiten auch direkt mit Unternehmen zusammen, weit über einfache Cloud-Angebote wie Infrastrukturdienstleistungen hinaus. In welchen Fällen, und wie funktioniert das?

Es geht dabei um strategische Partnerschaften. Das heißt, wir entwickeln langfristig gemeinsam Lösungen für Unternehmen. Diese Kunden haben dann etwa Anforderungen, die man heute nicht mit vorgefertigten Angeboten vom Markt decken kann – sie suchen Ansätze, ihre Arbeitsabläufe und Geschäftsmodelle neu zu denken und generell anders zu gestalten. Darin können Technologien heute eine neue, wesentliche Rolle spielen. Deshalb hat Microsoft vor einigen Jahren begonnen, Mitarbeiter aus der Industrie zu holen und einzustellen, weil sie die Industrieherausforderungen kennen und die Sprache besser beherrschen.

Was will ein Unternehmen von Microsoft und was können Sie konkret bieten?

Wenn wir direkt mit Unternehmen zusammenarbeiten, ist der Ausgangspunkt in der Regel kein einzelner Use Case, sondern viel genereller. Die Fragestellung am Anfang ist: Wie könnte mein Geschäft in Zukunft ausschauen? Zum Beispiel: Ich bin heute im Materialhandel – wie sieht der Materialhandel in 20 Jahren aus? Das Thema kann der Umsatz sein, aber auch die Produktion oder der Service. Wir fangen im Großen an und gehen dann eine Stufe herunter zu Themenfeldern. Zum Beispiel: Ich möchte meine Supply Chain ansehen, weil ich vermute, dass es dort Einsparungspotenziale gibt. Dann geht es noch einmal weiter herunter in konkrete Szenarien, das können Themen sein wie Lagerbestände, Optimierung des Lagers oder Vorhersage des Kundenbedarfs. Wenn wir dann noch weiter runtergehen, sind wir auf der Basis von Use Cases.

Was könnte das konkret sein?

Es könnte zum Beispiel sein, dass ein Unternehmen seine Lagermitarbeiter mit Equipment für Augmented oder Mixed Reality ausstatten möchte, um mit Kameras automatisch die Bestände und Bestandshöhen in Behältern zu erkennen. Der Lagermitarbeiter könnte mit seinem Handy den Behälter mit Schüttgut fotografieren, und eine KI sagt automatisch: Die nächste Bestellung ist in zwei Wochen fällig. So ein konkreter Use Case ist dann in sechs bis acht Wochen realisierbar, wenn man es richtig angeht.

Wir gehen also von oben nach unten: Was ist die Zielrichtung meiner Veränderung? In welche Themenfelder gehe ich? Daraus ergibt sich ein Projektportfolio, daraus wiederum Ideen und Szenarien. Die priorisiert man und definiert die wichtigsten Use Cases, mit denen man gezielt Kosten reduzieren oder Umsätze machen und steigern kann, und auf die konzentriert man sich zunächst. Man verzettelt sich nicht in Projekten, die ins Nirgendwo laufen – und vermeidet damit Enttäuschungen.

Kann der Weg auch umgekehrt sein – also von unten nach oben, vom Use Case zum Generellen?

Das funktioniert nach meiner Erfahrung meistens nicht so gut. Die Idee des Kunden ist oft gut, er steckt viel Energie in ein Projekt, zum Beispiel in das Auslesen von Daten aus einer Maschine – und stellt dann fest: Die Maschine gibt es weltweit nur zweimal. Das heißt, man kann den Anwendungsfall und insbesondere die Lösungen nicht skalieren. Deshalb sollte man sich besser zuerst damit beschäftigen, was man eigentlich betriebswirtschaftlich erreichen will. Wenn man beim Use Case anfängt, ist das oft ohne Zielrichtung. Aber gerade die Zielrichtung ist beim Thema Künstliche Intelligenz ganz entscheidend.

Wie sieht Ihre Zusammenarbeit mit den Unternehmen in der Praxis aus?

Auch da gibt es mehrere Stufen. In der ersten Stufe definieren wir: Worin besteht unsere Partnerschaft? Dann überlegen wir: Was bedeutet das in der Umsetzung? Was bringen beide Seiten ein, jetzt und später im Geschäft? Die dritte Stufe wird konkreter: Wie realisiere ich konkret diese Partnerschaft? Darin geht es dann um Fragen wie: Wie schließe ich Maschinen an? Welche Architekturstandards setze ich? Über welche Datenprotokolle tausche ich mich aus? Dazu kommen dann Aspekte der Sicherheit, beispielsweise: Wie laufen Authentifizierungsprozesse, wenn ich Maschinen anschließe? In dieser Stufe geht es um die Ertüchtigung des Unternehmens, das IT-Enablement, damit es überhaupt in Cloud-Strukturen starten kann. Wenn das sauber abgeklärt ist, geht es zu Projekt und Umsetzung.

Microsoft oder eine Beraterfirma: Was ist der Unterschied?

Microsoft hat einen anderen Ansatz als ein Beratungsunternehmen. Wenn ein Unternehmen die Supply Chain verändern möchte, holt es sich einen Systemintegrator oder ein Beratungsunternehmen und sie überlegen gemeinsam, wie das Projekt aussehen könnte. Sobald es umgesetzt ist, ist die Zusammenarbeit vorbei.

Für Microsoft dagegen ist das Projekt als solches nicht der Kern. Für uns führen nur Verbräuche der Technologie zu Umsätzen. Wenn ein Projekt umgesetzt und die Zusammenarbeit danach zu Ende ist, aber unsere Technologien dann nicht genutzt werden, haben wir nicht viel gewonnen. Wir wollen vielmehr, dass unsere Technologien fortlaufend „verbraucht" werden. Per Definition streben wir an, mit dem Geschäftsmodell des Unternehmens zu verschmelzen. Wenn beispielsweise der Lagermitarbeiter mit dem Handy Bilder macht und unser Programm zur Erkennung der Schütthöhe dauerhaft auf seinem Handy und seinen Systemen laufen hat, haben wir ein gemeinsames, für beide Seiten vorteilhaftes Geschäftsmodell mit jedem Klick. Das ist für Microsoft interessant, das ist der große Unterschied.

Ein weiterer Unterschied ist, dass viele Unternehmen über gemeinsame Projekte und vor allem die erarbeiteten Lösungen reden wollen. Dabei reicht die Bandbreite von gemeinsamem Marketing und gezielter beiderseitiger Kommunikation bis in die Platzierung, Bewerbung und den Vertrieb von erstellten digitalen Lösungen. Das geht dann von gemeinsamen Presseveranstaltungen bis hin zu abgestimmten vertrieblichen Ansätzen. Ein feines Beispiel ist hier die langjährige, vertrauensvolle Zusammenarbeit zwischen Microsoft und ThyssenKrupp Elevators. Dabei wurde die ThyssenKrupp-Lösung „Max" gemeinsam und auf Microsoft-Technologie basierend entwickelt, dann beworben und der zwischenzeitlich erfolgte Markt- und Kundenangang oftmals abgestimmt.

Was macht Microsoft mit den eigenen Entwicklungen?

Eine der ersten Industrielösungen, die wir entwickelt haben, war eine Remote-Monitoring- und Predictive-Maintenance-Lösung, also Überwachung und Vorhersage, für die Fernüberwachung von Aufzügen von ThyssenKrupp. Damit kann man quasi am Montag vorhersagen, welche Aufzüge bis zum Ende der Woche potenziell stehenbleiben werden. Diese Anwendung war am Anfang spezifisch auf die Aufzüge von ThyssenKrupp zugeschnitten. Aber so etwas lässt sich natürlich übertragen auf weitere Anwendungsszenarien, bei denen sich im weitesten Sinne Dinge bewegen und stehen bleiben können.

Das ist die Logik von Microsoft: Wenn wir erst einmal eine Lösung haben, können wir sie abstrahieren und jemand anderem anbieten. Remote Monitoring funktioniert ja nicht nur für Aufzüge, sondern auch für Gabelstapler, Flugzeuge und Maschinen. Solche Lösungen unserer Kunden stellen wir dann wie auf einem Marktplatz allen Kunden auf unserer Azure-Plattform zur Verfügung. Darüber hinaus entwickeln wir aber auch unsere eigenen Lösungen und Angebote weiter. Aus dem erwähnten Fall wurde beispielsweise eine vorkonfigurierte Remote-Monitoring- und Predictive-Maintenance-Lösung, die Kunden heute als Azure-Standardservice beziehen können. Wenn der nächste Kunde sagt: Ich habe eine Maschine, die ich fernüberwachen möchte, dann kann er die Lösung nutzen, die wir vor über fünf Jahren für ThyssenKrupp entwickelt und dann weiterentwickelt haben.

Ihre Einschätzung: Wo steht Deutschland heute in Bezug auf KI?

Ich glaube, man muss unterscheiden zwischen KI mit und ohne Endkundenbezug. Bei KI mit Endkundenbezug ist der Zug für Deutschland wohl abgefahren. Google, Facebook, Amazon, Microsoft oder auch Alibaba und Tencent – da ist vielleicht bereits zu viel erreicht in Fernost und den USA, als dass wir das heute in Deutschland und vielleicht sogar Europa noch aufholen könnten.

Spannend ist aber, was gerade in der Industrie stattfindet. Wir haben in Europa und vor allem in Deutschland Schwergewichte wie Siemens und SAP. In vielen Technologieunternehmen wird daher oftmals das Industriegeschäft, bei uns ist es das Azure Industrial IoT Geschäft, interessanterweise mit Ressourcen in Deutschland weiterentwickelt. Diesen Weg schlagen sowohl Microsoft als auch wesentliche Wettbewerber so ein. Alle schauen nach Deutschland und Europa und überlegen sich, was sie von hier aus aufbauen können. Denn man findet in Deutschland, und das ist sehr einzigartig, die ganze Wertschöpfungskette von der Sensorik über die Automatisierung und komplexe Steuerung bis in die Systeme, Maschinen und den Betrieb großer industrieller Anlagen hinein.

Also: Während es im Bereich der Endkonsumenten schwierig wird aufzuholen, sieht es im Bereich der industriellen Technologielösungen sehr gut aus.

Sebastian Seutter, Jahrgang 1975, Global Manufacturing Lead UiPath, ist weltweit verantwortlich für die industrielle Automatisierung und die Zusammenarbeit mit globalen Industriegroßkunden in den Bereichen Automobil, Konsumgüter, diskrete und prozessorientierte Fertigung. Außerdem ist er Mitglied des Innovationsvorstands von FORCAM, Advisory Partner bei Digital+ Partners und Beiratsmitglied bei Wargitsch Transformation Engineers.

Vor seinem Einstieg bei UiPath war er bei Microsoft Deutschland Manfacturing Industry Lead und bei ThyssenKrupp als Vice President verantwortlich für die Digitalisierung des Unternehmens. Davor war er als Principal in diversen Beratungsunternehmen verantwortlich für das Geschäft mit Industriekunden und die erfolgreiche Umsetzung von gemeinsamen Transformations- und Effizienzprogrammen.

Teil 7: Die Zukunft mit Künstlicher Intelligenz

Wie geht es weiter mit KI? Definitiv werden immer mehr Unternehmen Künstliche Intelligenz einsetzen und genauso sicher ist es, dass KI-Anwendungen immer mehr Raum in unserem Alltag einnehmen. Ist das gut oder schlecht? Wie groß sind die Chancen, wie groß die Risiken? Sichere Aussagen kann es dazu nicht geben – wohl aber fundierte Meinungen und Szenarien, gezeichnet von Experten, die sich auch philosophisch, historisch und gesellschaftlich mit KI auseinandersetzen:

- ***Prof. Dr. Josef Löffl* beschäftigt sich intensiv damit, was wir aus der Geschichte für die Zukunft lernen können und welche Rolle KI dabei spielen kann.**
- ***Prof. Dr. Oliver Niggemann* beleuchtet in seinem Schlusswort die Entwicklung von schwacher und starker KI, die Wechselwirkung zwischen Wunsch nach autonomen Systemen und dem Menschen und die Notwendigkeit der internationalen Zusammenarbeit.**

KI: Vergangenheit, Gegenwart und Zukunft

„Die Gesetze der Wahrscheinlichkeit haben noch nie die Zukunft der Menschheit bestimmt"

Was können wir aus der Geschichte für die Zukunft lernen? Welche Rolle könnte KI spielen? *Prof. Dr. Josef Löffl* über Zufälle, Revolutionen aus dem Kinderzimmer – und die Erkenntnis, dass immer alles anders kommt, als man denkt.

Sie sind Historiker. Was haben Sie mit Künstlicher Intelligenz zu tun?

Ich setze mich mit von Menschen gemachten Systemen auseinander und sehe mir an, welche Kräfte wirken. Wie reagieren Menschen auf technologischen Fortschritt? Was ist dabei wichtig? Welche Gemeinsamkeiten und Unterschiede gibt es zwischen den technologischen Fortschritten in der Vergangenheit und in der Gegenwart? Was könnten KI und deren Einführung unterscheiden von dem, was wir in den vergangenen 200, 300 Jahren an technologischem Fortschritt kennengelernt haben? Kann man darin bestimmte Muster erkennen, die immer noch wirken? Mit solchen Fragen beschäftige ich mich.

Und?

Der Mensch an sich verändert sich nicht so stark und nicht so schnell. Natürlich hat er heute andere Gewohnheiten als früher, er wird durch einen anderen Alltag geprägt. Aber vom Denken und Handeln her bleibt vieles gleich. Wenn man sich die industrielle Revolution ansieht, kann man klare Muster erkennen, wie Menschen reagieren. Ein gutes Beispiel sind die Weberaufstände im 18. und 19. Jahrhundert: Traditionell hatten die Menschen zu Hause am Webstuhl gearbeitet, dann kamen riesige Hallen mit modernen Maschinen, die das automatisch erledigten – im großen Stil und wesentlich kostengünstiger. Wie haben die Menschen darauf reagiert? Sie sind in die Hallen gestürmt und haben versucht, die Maschinen zu zerstören. Und im Prinzip reagieren viele auch heute so, im übertragenen Sinne.

Warum reagiert der Mensch so? Weil man alles gut findet, wie es ist – oder weil er Angst hat um seinen Arbeitsplatz?

Ich glaube, es ist beides. Der Mensch ist ein Gewohnheitstier. Er will eigentlich, dass alles so bleibt wie es ist. Und natürlich ist es so, dass der Mensch Routinen braucht – ohne Routinen müsste man jeden Tag erneut hinterfragen, ob man mit dem linken oder rechten Bein zuerst aufstehen soll. Routinen führen übrigens auch dazu, dass wir bestimmte Dinge wissen, ohne sie zu empfinden.

Wie meinen Sie das?

Jeder Mensch kann auf Grundlage der verfügbaren Informationen wissen, dass die Art und Weise, wie wir arbeiten und welche Rolle Arbeit für uns in Zukunft spielen wird, sich radikal verändern wird. Aber: Obwohl man das weiß, haben viele nicht das Empfinden, dass das etwas mit ihnen selbst zu tun hat. Es gibt tausende Publikationen zu KI. Es werden selbstfahrende Autos vorgestellt, die Industrie wird immer stärker automatisiert. Trotzdem hat das noch keinen Eingang in die Köpfe und ins Gefühl der meisten Menschen gefunden – viele wissen nicht einmal, dass sie KI schon benutzen.

Warum ist das so?

Das ist sicherlich ein gewisser Schutzmechanismus. Ich bin kein Psychologe, aber ich denke, dass dieser Schutzmechanismus bei Menschen unterschiedlich stark ausgeprägt ist. Menschen ohne Brüche im Lebenslauf, bei denen immer alles glatt und mit klarer Struktur gelaufen ist, reagieren sicherlich anders als jemand, der öfter etwas Neues ausprobiert hat. Der hat bereits festgestellt: Es wird schon irgendwie weitergehen und das Neue bringt auch Chancen. Was man erlebt hat, projiziert man auf die Zukunft.

Wie würden Sie die Änderungen beschreiben, die uns bevorstehen?

Historisch teile ich die Veränderung der Systemarchitektur der Menschheit in drei Stufen ein. In der ersten Stufe hat sich der Mensch das Feuer nutzbar gemacht und wurde damit die dominante Spezies. Vor 12.000 Jahren wurde er dann – das ist die zweite Stufe – sesshaft und hat die Systeme aufgebaut, in denen wir heute immer noch leben: Staat, Politik, Wirtschaft, Religion. Dabei war er immer wieder „innovativ" im echten, semantischen Sinne: „erneuernd". Das Bestehende wurde kontinuierlich verbessert. Heute sind wir in einer Situation, die für die einen besorgniserregend und für die anderen eine riesige Chance ist: Wir stehen nach 12.000 Jahren wieder vor einer radikalen Veränderung der Systemarchitektur. Auf einmal ist jeder mit jedem und allem vernetzt und mehr noch: Zum ersten

Mal besteht die Möglichkeit, dass man aus dem Kinderzimmer heraus die Welt verändern kann.

Können Sie das näher erklären?

Ich sage meinen Studierenden immer: Ihr seid die mächtigsten Individuen, die dieser Planet jemals erlebt hat. Das können sie sich gar nicht vorstellen, aber es gibt schon jetzt genügend Beispiele. Wie hätte die Menschheit im Jahr 1985 Greta Thunberg wahrgenommen? Wahrscheinlich gar nicht, wir würden nichts von ihr hören. Oder nehmen wir den Youtuber Rezo, der quasi aus dem Kinderzimmer heraus – polemisch ausgedrückt – eine ganze Volkspartei an die Wand genagelt hat. Durch die Digitalisierung sind ganz neue Phänomene möglich geworden.

Sind solche Entwicklungen immer stringent? Und vorhersehbar?

Nein, es gibt immer Irrungen und Wirrungen. Über Jahrhunderte war es der Traum der Menschen, dass es einen ungefilterten Zugriff auf alle verfügbaren Informationen gibt – und es gab die unausgesprochene Grundannahme, dass wir dann automatisch zu einer faktendominierten Wissensgesellschaft werden. Es kam aber ganz anders: Wir haben alle Informationen, aber wir leben heute nicht in einer Wissensgesellschaft, sondern in einer Meinungsgesellschaft.

Was heißt das konkret?

Das Problem ist, dass man heute Zugang zu einem ungefilterten Sammelsurium an Meinungen hat, oft völlig losgelöst von wissenschaftlichen Fakten. Das kann viele Ängste wecken, auch in Bezug auf KI. Wenn man heute mit Menschen außerhalb eines geschützten Raums über das Thema KI spricht, landet man manchmal in einem Terminator-Szenario: Die Maschinen übernehmen die Welt, der Mensch wird unterjocht. Das hat mit dem, was die schwache KI kann, überhaupt nichts zu tun. Aber die Ängste sind da.

Was kann man dagegen tun?

Man muss Menschen dafür sensibilisieren, dass vieles klar der Faktenlage und der Wissenschaft widerspricht. Und es ist wichtig, dass diejenigen Menschen, die sich auf technologischer Seite mit KI auseinandersetzen, die Sensibilität besitzen, sich mit diesen Ängsten auseinanderzusetzen und nicht einfach zu sagen: Das ist ja alles Blödsinn. Nein, sie müssen die Menschen mitnehmen und in einfachen Worten erklären, was tatsächlich möglich ist und was nicht – und wohin die Reise gehen könnte. Man sollte den Menschen aber keine Angst machen, das hat noch nie was gebracht.

Und wohin geht die Reise? Vor allem in Bezug auf die Arbeitsplätze?

Es sind schon immer Berufe aufgrund von technologischem Fortschritt verschwunden. Zum Beispiel beim Eishandel: Um in den großen Städten in den USA die Lebensmittel zu kühlen, wurden damals zunächst riesige Eisblöcke aus Seen herausgeschnitten und mit Pferdefuhrwerken in die Stadt gebracht. Dann kam das nächste System: Kühlhallen, der Beruf der Eishändler verschwand. Der nächste Schritt waren private Kühlschränke. Bei jeder dieser Systemveränderungen sind manche Menschen auf der Strecke geblieben, andere haben davon profitiert. Es ging immer eine Tür zu, und eine Tür ging auf. Nicht unbedingt für dieselben Menschen, aber für die Menschen an sich.

Jede dieser Systemveränderungen war ein ruckartiger, brutaler Vorgang. Man sollte sich auch für die Zukunft von der Illusion lösen – das ist meine Annahme –, dass es einen weichen Übergang geben wird. Es wird vielmehr genauso sein wie in der Vergangenheit: Menschen werden vor vollendete Tatsachen gestellt. Das Problem ist heute: Was ist, wenn keine neue Tür mehr aufgeht? Wenn nur noch sukzessive Türen zugehen? Wenn es eine dauerhafte Substituierung menschlicher Arbeitskraft gibt? Dann ist die Frage: Was macht der Mensch? Ist das dann die Glückseligkeit, weil er keiner Tätigkeit mehr nachgehen muss und sich kreativ seinen Hobbys widmen kann? Oder ist das der Weg in eine völlig neue Art eines digitalen, globalen Proletariertums, das geprägt ist von einer radikalen Ungleichheit?

Wovon hängt es ab, was kommen wird?

Von jedem einzelnen Menschen. Es kann durchaus sein, dass eine Gesellschaft sagt: Wir wollen das nicht. Wir wollen nicht, dass alles substituiert wird. Wenn es einen gesellschaftlichen Konsens gibt, ist der Mensch in der Lage, eine Entwicklung massiv zu hinterfragen und sogar zu stoppen.

Aber Digitalisierung ist doch international.

Man denkt vielleicht: In einer globalisierten Welt kann keiner mehr ausscheren. Aber warum nicht? Die Frage ist doch: Kann man das Undenkbare denken? Wenn wir uns vor 120 Jahren darüber unterhalten hätten, ob es so etwas wie Kommunismus geben wird, dann wäre das auch undenkbar gewesen. Letztendlich kommt es oft anders als man denkt.

Warum?

Es gibt Phänomene, die sich die jeder Statistik entziehen, die aber unser Leben und unser Wirken existenziell beeinflussen – singuläre Ereignisse wie der 11. September oder die Ermordung des Erzherzogs von Österreich in Sarajevo. Oder die Corona-Pandemie: Am Anfang gab es nicht genug medizinische Masken und sofort begann eine Diskussion über die Globalisierung. Ist es richtig, dass man abhängig ist von Indien und China, von langen Lieferketten? Wie kann das sein? Die Tatsache war ja auch vorher kein Geheimnis, aber eben für viele kein Problem des Alltags. Im Frühjahr 2020 jedoch hat sich innerhalb von wenigen Tagen eine zutiefst globalisierungskritische Haltung gebildet, weil der Mensch sofort und direkt die Brücke geschlagen hat zwischen Wissen und Empfinden. Die Globalisierung war in das Alltagsleben der Menschen eingedrungen, jeder hat gesagt: Ich brauche eine Maske. Wo kriege ich die her? Sofort haben Unternehmen hier bei uns angefangen, Masken herzustellen, und sind dafür gefeiert worden. Plötzlich stand die kostengetriebene Globalisierung nicht mehr im Zentrum, sondern in der Kritik. Das wird auch nicht mehr vollständig rückgängig gemacht werden.

Was bedeutet das für die Zukunft?

Dass man sie nicht vorhersagen kann, auch nicht mit der Analyse von gewaltigen Datenmengen. So funktioniert Geschichte nicht, und so funktioniert der Mensch nicht. Das Irrationale ist das Entscheidende. Wenn Menschen Entscheidungen treffen, ist das oft sehr irrational, emotional, empathisch – was dazu führt, dass es ganz anders kommen kann als man denkt. Vielleicht sagen Gruppen von Menschen: Nein, wir wollen das nicht, wir wollen eine ganz andere Form von Gesellschaft. Wir schließen uns da aus. Wir wollen keine globalen Kreisläufe mehr im Bereich der Wertschöpfung, weil wir eine andere Art des Zusammenlebens wollen. Und das könnte sich sehr schnell verbreiten. Es ist vielleicht unwahrscheinlich, aber die Gesetze der Wahrscheinlichkeit haben noch nie die Zukunft der Menschheit bestimmt.

Wie könnte so etwas ausgelöst werden?

Wie gesagt: Heute kann man quasi vom Kinderzimmer aus die Welt verändern, siehe Greta Thunberg. Was passiert, wenn Lieschen Müller demnächst erklärt, dass KI ihr persönlich das Leben schwer macht? Und dass sie das nicht will? Es kann sein, dass das überhaupt nichts auslöst. Es kann aber auch sein, dass es innerhalb kurzer Zeit zu einer globalen Bewegung führt, zu einer Art Weberaufstand 4.0. Es kann auch sein, dass Menschen eine Bewegung starten, die – analog zum Thema Klimawandel – ein Umdenken bei der KI einfordert. Ich vermute, dass so etwas zufällig passiert, ohne den großen Plan dahinter, und dass das dann viel empathischer ist als etwas, das konstruiert ist.

Also kann man das nicht planen?

Menschen glauben immer, dass es für alles ein System gibt. Aber: So etwas wie ein „System Greta“ wird es nicht geben – es wird keine Anleitung geben, wie man eine globale Sensibilisierung kreiert für ein Thema, das einem wichtig ist. So etwas ergibt sich vielmehr aus einem Szenario, einem Narrativ, das die Menschen emotional anspricht. Der Schlüsselbegriff auch für die Zukunft der KI ist ein Begriff, den wahrscheinlich niemand damit in Verbindung setzt: Empathie. Empathie entscheidet darüber, wie Menschen auf solche Narrative reagieren. Wenn etwas empathisch anschlussfähig ist, reagieren Menschen ganz anders darauf, als wenn es sie emotional nicht erreicht.

Wie optimistisch oder pessimistisch blicken Sie in die Zukunft?

Ich sehe die Zukunft immer als Chance. Ich glaube, es ist ganz wichtig, dass die Menschen verstehen: Es gibt immer Alternativen. Es muss nicht so kommen, es kann ganz anders kommen. Und die Entscheidung darüber wird nicht in abstrakten Zentren der Macht entworfen, sondern sie liegt bei jedem einzelnen. Warum? Weil jeder Einzelne mit einer Macht ausgestattet ist, wie wir das nie zuvor in unserer Geschichte gekannt haben.

Prof. Dr. Josef Löffl, Jahrgang 1980, hat Geschichte, Klassische Archäologie und Klassische Philologie in Regensburg studiert. Er ist Leiter des Instituts für Wissenschaftsdialog an der Technischen Hochschule Ostwestfalen-Lippe, dessen Ziel es ist, den Austausch zwischen Wissenschaft, Wirtschaft und Gesellschaft zu fördern.

Unsere Zukunft mit Künstlicher Intelligenz

„KI ist das, was wir daraus machen"

Wie wird unsere Zukunft mit Künstlicher Intelligenz aussehen? Ein Autorengespräch über starke und schwache KI, das Gefangenendilemma und die Notwendigkeit der internationalen Zusammenarbeit.

Wenn man über die Zukunft mit KI spricht, haben viele Menschen Sorgen, auch hochrangige Wissenschaftler sind kritisch. Zu Recht?

Was wir derzeit haben, ist die sogenannte schwache KI. Darunter versteht man Systeme, die spezielle Aufgaben mit speziellen Methoden lösen – nicht mehr und nicht weniger. Ein autonomes Fahrzeug wird niemals versuchen, die Welt zu übernehmen, das kann es von seinen Fähigkeiten her gar nicht, es hat kein Interesse daran. Und es hat auch nicht die Möglichkeit, sich dahin zu entwickeln.

Als starke KI bezeichnen wir Systeme, die so intelligent sind wie ein Mensch oder deutlich intelligenter. Da blicken wir aber weit in die Zukunft – wir wissen heute noch nicht, wie wir solche starken KI-Systeme bauen können. Momentan geht das noch nicht. Aber irgendwann wird das vielleicht möglich sein und was möglich ist, wird auch gebaut werden.

Was genau bedeutet das?

Es ist kein Hexenwerk, wie unser Gehirn funktioniert – das hat sich über Jahrmillionen entwickelt: Es stecken einfach grundlegende informationsverarbeitende und physikalische Prinzipien dahinter, und die kann man nachbauen. Das Problem: Wenn man das nachbauen kann – und davor hat schon der berühmte Physiker *Stephen Hawkins* gewarnt – kann man dem System nicht mehr sagen: Das und das darfst du nicht. Intelligente Systeme im Sinne der starken KI sind nicht mit Regeln zu binden. Woran liegt das? Jede Regel, die ich einem Menschen sage, versteht er als Regel. Er kann darüber nachdenken, er kann das reflektieren, und er kann es hintergehen.

Wird das plötzlich oder allmählich kommen?

Wie gesagt, aktuell sind wir bei der schwachen KI und da ist nicht zu befürchten, dass wir diese Systeme nicht mehr unter Kontrolle haben. Unsere aktuellen Probleme liegen sicherlich auf anderen Feldern, zum Beispiel bei der Qualifikation von Mitarbeitern, dem Aufbau von KI-Know-how in Deutschland und der Migration von Märkten.

Sollte hier die Politik eine regulierende Rolle einnehmen? Geht das überhaupt international?

Das ist natürlich eine generelle Frage. Sind wir als Menschheit in der Lage, international Themen umzusetzen, die auf das Gesamtwohl jenseits von Partikularinteressen zielen? Mit anderen Worten: Sind wir intelligent genug, langfristige Ziele umzusetzen? Und dann ist natürlich die Frage: Halten sich alle an gewisse Regeln? Wenn ja, haben alle einen Vorteil. Brechen einzelne aus, haben diejenigen einen Vorteil – aber langfristig verlieren alle. Das

Gefangenendilemma also! Vielleicht zeigt sich daran, ob wir langfristig überhaupt eine Künstliche Intelligenz brauchen oder ob wir einfach auf menschliche Intelligenz setzen.

Das Gefangenendilemma: Ein Beispiel aus der Spieltheorie

Zwei Menschen rauben eine Bank aus und werden gefasst, ihnen kann jedoch nur unerlaubter Waffenbesitz nachgewiesen werden. Darauf stehen jeweils drei Jahre Gefängnis. Die beiden werden getrennt verhört, dabei wird ihnen die Kronzeugenregelung angeboten: Gesteht einer von ihnen, bekommt er keine Strafe – der andere würde wegen Bankraubs zu zehn Jahren Gefängnis verurteilt. Gestehen beide, würden mildernde Umstände gelten, jeder würde acht Jahre ins Gefängnis kommen.

Jeder der beiden fragt sich, wie er sich verhalten soll – und vor allem, wie sich der andere wohl verhalten wird. Die Optionen:

- Für A und B zusammen wäre Schweigen das Beste:
  3+3 Jahre Gefängnis
- Für A wäre ein Geständnis vorteilhaft, falls B weiterhin schweigt:
  0+10 Jahre Gefängnis
- Für A wäre Schweigen von Nachteil, falls B gesteht:
  10+0 Jahre Gefängnis
- Ein Geständnis von A und B wäre schlechter als gemeinsam zu schweigen, aber besser, als einseitig vom anderen verraten zu werden:
  8+8 Jahre Gefängnis

Was wäre wichtig, um das Gute aus der KI herauszuholen?

Ich würde mir wünschen, dass sich jeder damit beschäftigt. KI ist ja nichts, das nur Informatiker oder Maschinenbauer oder Ingenieure etwas angeht – es ist ein gesamtgesellschaftliches Thema, es geht um Ethik, um Arbeitsplätze, um juristische Fragen. Es beeinflusst unser gesamtes Leben. Deshalb ist es wichtig, dass jeder einzelne von uns ein solides Grundwissen darüber erlangt. Natürlich muss nicht jeder Informatiker oder Spezialist werden, aber ein Basiswissen ist schon wichtig, da sind Instanzen wie Politik, Schule und Medien gefragt. Man sollte Informatikthemen viel stärker in den Unterricht einbauen, etwa in Mathe und Physik. Denn: Es ist ja nicht die Frage, OB KI in immer größerem Maßstab unser Leben beeinflussen wird – das wird auf jeden Fall kommen. Die Frage ist heute, WIE KI eingesetzt wird und durch wen und wie das Ganze reguliert wird. Da muss die gesamte Gesellschaft mitreden können und dürfen. Und: Ich wünsche mir eine positivere Einstellung der KI gegenüber.

Warum?

KI per se ist weder gut noch böse – KI ist das, was wir daraus machen. Die meisten Menschen möchten nicht mehr auf Google Maps verzichten, nicht auf Bildanalyse in der Medizin, nicht auf Spracheingaben. Das, was wir in diesem Buch beschreiben, ist ja nur ein kleiner Ausschnitt der Möglichkeiten, die Künstliche Intelligenz bietet. Ich finde es wichtig klarzumachen: KI ist da und KI wird vieles möglich machen, von dem wir noch nichts ahnen. Wir alle sollten zusammen daran arbeiten, dass das etwas Gutes ist – und dass es dem Wohle aller Menschen dient.

Glossar

Condition Monitoring ist die permanente Zustandsüberwachung einer Anlage – durch Sensoren und durch Maschinelles Lernen werden festgelegte Parameter wie Temperaturen, Vibrationen und Drücke ständig überwacht.

Cyber-Physical Production Systems (CPPS) sind durch die enge Verzahnung von Produktionssystem (Physical) und Softwareanteilen (Cyber) gekennzeichnet.

Digitale Zwillinge sind Abbilder von realen Systemen in einer Software. Sie ermöglichen es, Analysen und Prozessänderungen zunächst digital durchzuspielen, bevor sie auf die Anlage übertragen werden.

ERP: Enterprise Resource Planning-Systeme sind Softwarelösungen, die Geschäftsprozesse unterstützen. Typische Aufgabenfelder sind zum Beispiel Aufträge, Materialverwaltung, Ressourcen und Personal.

Künstliche Neuronale Netze (KNN) sind eine spezielle Methode im Bereich des Maschinellen Lernens.

Maschinelles Lernen ist ein wichtiger Bestandteil von KI-Systemen. Anhand von Daten und Beobachtungen – beispielsweise Temperaturen, Drücke und Leistungsaufnahmen – gewinnt solch ein System neue Erkenntnisse oder erlernt Modelle, die das Systemverhalten nachbilden.

Ontologien sind ein wichtiger Bestandteil der symbolischen KI. Es handelt sich um Modelle aus symbolischen Begriffen, zum Beispiel „Sensor“.

Predictive Maintenance ist die vorausschauende Wartung einer Anlage. Sie resultiert aus dem Condition Monitoring, der kontinuierlichen Zustandsüberwachung der Anlage: Aus den Ergebnissen der Überwachung kann der genaue Zeitpunkt abgeleitet werden, an dem Handlungsbedarf besteht.

SCADA: Supervisory Control and Data Acquisition-Systeme überwachen und steuern Produktionssysteme.

Symbolische KI ist ein Teilgebiet der KI. Der Begriff „symbolisch“ ist hier als Gegensatz zu „numerisch“ zu verstehen: Es geht um Begriffe, nicht um Zahlen.